Álgebra Matricial

Julio Benítez López

Índice

1 Operaciones entre matrices **1**

1.1 Operaciones básicas 1

1.2 Producto de matrices 4

1.3 Trasposición de matrices 12

1.4 Determinante de una matriz cuadrada 12

1.5 Inversa de una matriz cuadrada 17

1.6 Matrices por bloques 21

1.7 Algunas aplicaciones geométricas de las matrices 23

1.8 Ejercicios 27

2 Sistemas de ecuaciones lineales **35**

2.1 Sistemas de ecuaciones lineales 35

2.2 Modelo económico de Leontieff 36

2.3 Método de eliminación de Gauss 38

2.3.1 Sustitución regresiva 38

2.3.2 Triangularización 39

2.4 Factorización LU 42

2.4.1 ¿Para qué sirve la factorización LU? 45

2.5 Algunos ejercicios resueltos 46

2.6 Ejercicios 48

3 Diagonalización de matrices **55**

3.1 Valores y vectores propios 55

3.2 Diagonalización de matrices 58

3.3 Aplicaciones de la teoría espectral. 63

3.3.1 Potencias de matrices 63

3.3.2 Cálculo de sucesiones dadas por recurrencia lineal 64

3.3.3 Cadenas de Márkov lineales 66

3.4 Ejercicios 72

4 Espacio vectorial euclídeo **81**
4.1 Introducción . . . 81
4.2 Producto escalar . . . 81
4.3 Norma y distancia . . . 82
4.4 Complemento ortogonal . . . 86
4.5 Proyecciones sobre subespacios . . . 88
4.6 Proceso de ortogonalización de Gram-Schmidt . . . 92
4.7 Polinomios trigonométricos de Fourier . . . 95
4.8 Factorización QR . . . 97
4.9 Mínimos cuadrados, ecuaciones normales . . . 99
4.9.1 Introducción . . . 99
4.9.2 Ecuaciones normales . . . 100
4.9.3 Las ecuaciones normales y la factorización QR . . . 100
4.10 Ajuste de datos . . . 101
4.10.1 Ajuste lineal . . . 101
4.10.2 Ajuste cuadrático . . . 103
4.10.3 Modelos lineales . . . 103
4.10.4 Linealización . . . 103
4.11 Ejercicios . . . 104

5 Algunas soluciones **111**
5.1 Operaciones entre matrices . . . 111
5.2 Sistemas de ecuaciones lineales . . . 113
5.3 Diagonalización de matrices . . . 114
5.4 Espacio vectorial euclídeo . . . 116

Capítulo 1
Operaciones entre matrices

1.1 Operaciones básicas

Definición 1.1. Definición de matriz

Se llama **matriz** de orden, o tamaño, $m \times n$ a un conjunto de $m \times n$ elementos de $\mathbb{R}$ o de $\mathbb{C}$ dispuestos en forma de tabla con m filas y n columnas.

$$A = \begin{bmatrix} a_{11} & a_{12} & \cdots & a_{1j} & \cdots & a_{1n} \\ a_{21} & a_{22} & \cdots & a_{2j} & \cdots & a_{2n} \\ \vdots & \vdots & \ddots & \vdots & \ddots & \vdots \\ a_{i1} & a_{i2} & \cdots & a_{ij} & \cdots & a_{in} \\ \vdots & \vdots & \ddots & \vdots & \ddots & \vdots \\ a_{m1} & a_{m2} & \cdots & a_{mj} & \cdots & a_{mn} \end{bmatrix}.$$

Columna j

Fila i

Observa que una matriz $m \times n$ tiene n columnas y m filas.

Algunos tipos importantes de matrices que van a surgir a lo largo de la asignatura son los siguientes:

a) Si $m = n$ se dice que la matriz es **cuadrada**.

b) La **diagonal principal** son los elementos de una matriz cuadrada de la forma a_{ii}, $i = 1, 2, \ldots, n$.

$$\begin{bmatrix} a & b & c \\ d & e & f \\ g & h & i \end{bmatrix}.$$

c) La **matriz identidad** de orden n es la matriz cuadrada cuyos elementos son $a_{ii} = 1, i = 1, 2, \ldots, n$, y $a_{ij} = 0$ para $i \neq j$,

$$I_n = \begin{bmatrix} 1 & 0 & \cdots & 0 \\ 0 & 1 & \cdots & 0 \\ \vdots & \vdots & \ddots & \vdots \\ 0 & 0 & \cdots & 1 \end{bmatrix}.$$

Se denota I_n o si no hay peligro de confusión con el tamaño de la matriz, I.

d) Una matriz cuadrada A cuyos elementos por debajo de la diagonal principal son nulos se llama matriz **triangular superior**

$$A=\begin{bmatrix} a_{11} & a_{12} & \cdots & a_{1n} \\ 0 & a_{22} & \cdots & a_{2n} \\ \vdots & \vdots & \ddots & \vdots \\ 0 & 0 & \cdots & a_{nn} \end{bmatrix}.$$

e) Una matriz cuadrada A cuyos elementos por encima de la diagonal principal son nulos se llama **triangular inferior.**

f) Una **matriz diagonal** es aquella que tiene nulos todos los elementos situados fuera de la diagonal principal

$$A=\begin{bmatrix} a_{11} & 0 & \cdots & 0 \\ 0 & a_{22} & \cdots & 0 \\ \vdots & \vdots & \ddots & \vdots \\ 0 & 0 & \cdots & a_{nn} \end{bmatrix}.$$

g) Si $m=1$ y $n>1$ se dice que es una **matriz fila,**

$$A=\begin{bmatrix} a_{11} & a_{12} & \cdots & a_{1j} & \cdots & a_{1n} \end{bmatrix}.$$

h) Si $n=1$ y $m>1$ se dice que es una **matriz columna,**

$$A=\begin{bmatrix} a_{11} \\ \vdots \\ a_{n1} \end{bmatrix}.$$

i) La **matriz nula** de orden $m \times n$ es la matriz cuadrada que tiene todas sus entradas nulas, Se denota $O_{m,n}$ o si no hay peligro de confusión con el tamaño de la matriz, O.

Definición 1.2. Suma de matrices

Dadas las matrices $A=(a_{ij})$ y $B=(b_{ij})$ (**del mismo tamaño**), la **suma** de A y B es la matriz del mismo tamaño que A y B que se obtiene al sumar los elementos que ocupan el mismo lugar.

$$A+B=\begin{bmatrix} a_{11}+b_{11} & a_{12}+b_{12} & \cdots & a_{1j}+b_{1j} & \cdots & a_{1n}+b_{1n} \\ a_{21}+b_{21} & a_{22}+b_{22} & \cdots & a_{2j}+b_{2j} & \cdots & a_{2n}+b_{2n} \\ \vdots & \vdots & \ddots & \vdots & \ddots & \vdots \\ a_{i1}+b_{i1} & a_{i2}+b_{i2} & \cdots & a_{ij}+b_{ij} & \cdots & a_{in}+b_{in} \\ \vdots & \vdots & \ddots & \vdots & \ddots & \vdots \\ a_{m1}+b_{m1} & a_{m2}+b_{m2} & \cdots & a_{mj}+b_{mj} & \cdots & a_{mn}+b_{mn} \end{bmatrix}.$$

Veamos algunos ejemplos sencillos:

$$\begin{bmatrix} 1 & 2 & 3 \\ -1 & 2 & 3 \end{bmatrix} + \begin{bmatrix} 0 & -1 & 0 \\ 1 & 0 & 1 \end{bmatrix} = \begin{bmatrix} 1 & 1 & 3 \\ 0 & 2 & 4 \end{bmatrix}.$$

$$\begin{bmatrix} 1 & j \\ -j & 1+j \end{bmatrix} + \begin{bmatrix} 0 & 1+j \\ 1 & -j \end{bmatrix} = \begin{bmatrix} 1 & 1+2j \\ 1-j & 1 \end{bmatrix}.$$

$$\begin{bmatrix} 1 & 2 \\ 3 & 4 \end{bmatrix} + \begin{bmatrix} 0 & 1+j & 1 \\ 1 & -j & 2 \end{bmatrix} = \text{No se pueden sumar.}$$

Ejercicio 1.1 Considera las matrices

$$A = \begin{bmatrix} 0 & 1 & 2 \\ 2 & 3 & 4 \end{bmatrix}, \; B = \begin{bmatrix} j & 0 \\ 1 & 2-j \end{bmatrix}, \; C = \begin{bmatrix} 0 & 1 \\ 2 & 3 \\ 4 & 5 \end{bmatrix}, \; D = \begin{bmatrix} 2 & 0 & 1 \\ 0 & 1 & -1 \end{bmatrix}.$$

¿Cuáles de las sumas de la siguiente tabla se pueden hacer? En caso afirmativo, hállalas.

+	A	B	C	D
A				
B				
C				
D				

Definición 1.3. Producto de una matriz por un escalar

Dada una matriz $A = (a_{ij})$ y un elemento $\lambda \in \mathbb{R}$ ó $\lambda \in \mathbb{C}$, el **producto del escalar λ por la matriz** A es la matriz del mismo tamaño que A dada por

$$\lambda \begin{bmatrix} a_{11} & \cdots & a_{1n} \\ \vdots & \ddots & \vdots \\ a_{m1} & \cdots & a_{mn} \end{bmatrix} = \begin{bmatrix} \lambda a_{11} & \cdots & \lambda a_{1n} \\ \vdots & \ddots & \vdots \\ \lambda a_{m1} & \cdots & \lambda a_{mn} \end{bmatrix}.$$

Veamos dos ejemplos sencillos:

$$2\begin{bmatrix} 1 & 2 \\ 3 & 4 \end{bmatrix} = \begin{bmatrix} 2 & 4 \\ 6 & 8 \end{bmatrix}.$$

$$j\begin{bmatrix} 1+j & 1 & 0 \\ -j & 1-2j & -1 \end{bmatrix} = \begin{bmatrix} -1+j & j & 0 \\ 1 & 2+j & -j \end{bmatrix}.$$

Observa que **siempre** se puede hacer el producto de un escalar por una matriz.

Ejercicio 1.2 Con las matrices del ejercicio 1.1, calcula $2A$, jB.

Las propiedades de la suma y el producto por escalares son las mismas que las de los escalares:

Teorema 1.1. Propiedades de la suma y el producto por escalares

Dadas A, B y C matrices con coeficientes en $\mathbb{C}$ (del mismo tamaño) y $\lambda, \mu \in \mathbb{C}$, se cumplen las siguientes propiedades:

a) Conmutativa: $A+B=B+A$.

b) Asociativa: $(A+B)+C=A+(B+C)$.

c) Existencia de elemento neutro: $A+O=O+A=A$.

d) Existencia de elemento opuesto: $A+(-A)=(-A)+A=O$.

e) Distributiva del producto por escalar respecto de la suma de matrices: $\lambda(A+B)=\lambda A+\lambda B$.

f) Distributiva del producto de matriz respecto de la suma de escalares: $(\lambda+\mu)A=\lambda A+\mu A$.

g) Asociativa del producto por un escalar: $(\lambda\mu)A=\lambda(\mu A)$.

h) Existencia del elemento neutro para la multiplicación por un escalar: $1A=A$.

1.2 Producto de matrices

Vamos ahora a definir la multiplicación de una matriz por una columna.

Definición 1.4. Multiplicación de una matriz por una columna

Sea A una matriz $m \times n$ y $\mathbf{x}$ una matriz columna $n \times 1$ (un vector de $\mathbb{C}^n$). El producto $A\mathbf{x}$ se define como

$$\underbrace{\begin{bmatrix} a_{11} & \cdots & a_{1m} \\ \vdots & \ddots & \vdots \\ a_{n1} & \cdots & a_{nm} \end{bmatrix}}_{=A} \underbrace{\begin{bmatrix} x_1 \\ \vdots \\ x_m \end{bmatrix}}_{=\mathbf{x}} = \underbrace{\begin{bmatrix} a_{11}x_1 + \cdots + a_{1m}x_m \\ \vdots \\ a_{n1}x_1 + \cdots + a_{nm}x_m \end{bmatrix}}_{=A\mathbf{x}}.$$

Observa que una matriz $m \times n$ solo se puede multiplicar con un vector columna de orden n. Veamos dos ejemplos sencillos:

$$\begin{bmatrix} 1 & 2 & 3 \\ 4 & 5 & 6 \end{bmatrix} \begin{bmatrix} x \\ y \\ z \end{bmatrix} = \begin{bmatrix} x+2y+3z \\ 4x+5y+6z \end{bmatrix}.$$

$$\begin{bmatrix} a & b \\ c & d \end{bmatrix} \begin{bmatrix} x \\ y \\ z \end{bmatrix} = \text{¡No se pueden multiplicar!}$$

Un sistema de ecuaciones lineales se puede poner de forma matricial como sigue: el sistema de ecuaciones lineales

$$\left\{\begin{array}{ccccccccc} a_{11}x_1 & + & a_{12}x_2 & + & \cdots & + & a_{1n}x_n & = & b_1 \\ a_{21}x_1 & + & a_{22}x_2 & + & \cdots & + & a_{2n}x_n & = & b_2 \\ \vdots & & \vdots & & \ddots & & \vdots & & \vdots \\ a_{m1}x_1 & + & a_{m2}x_2 & + & \cdots & + & a_{mn}x_n & = & b_m \end{array}\right.$$

se expresa como

$$\underbrace{\begin{bmatrix} a_{11} & a_{12} & \cdots & a_{1n} \\ a_{21} & a_{22} & \cdots & a_{2n} \\ \vdots & \vdots & \ddots & \vdots \\ a_{m1} & a_{m2} & \cdots & a_{mn} \end{bmatrix}}_{A} \underbrace{\begin{bmatrix} x_1 \\ x_2 \\ \vdots \\ x_n \end{bmatrix}}_{\mathbf{x}} = \underbrace{\begin{bmatrix} b_1 \\ b_2 \\ \vdots \\ b_m \end{bmatrix}}_{\mathbf{b}}.$$

Es decir, $A\mathbf{x} = \mathbf{b}$.

Definición 1.5. Definición de producto matricial

Sea A una matriz $n \times m$ y B una matriz $m \times p$. Sean $\{\mathbf{b}_1, \ldots, \mathbf{b}_p\}$ las columnas de B, es decir

$$B = [\mathbf{b}_1 \mid \cdots \mid \mathbf{b}_p].$$

Se define **el producto** de A y B como

$$AB = [A\mathbf{b}_1 \mid \cdots \mid A\mathbf{b}_p].$$

Veamos un ejemplo con matrices 2×2.

$$\begin{bmatrix} a & b \\ c & d \end{bmatrix}\begin{bmatrix} \alpha & \beta \\ \gamma & \delta \end{bmatrix} = \begin{bmatrix} a\alpha + b\gamma & a\beta + b\delta \\ c\alpha + d\gamma & c\beta + d\delta \end{bmatrix}.$$

$$\begin{bmatrix} a & b \\ c & d \end{bmatrix}\begin{bmatrix} \alpha & \beta \\ \gamma & \delta \end{bmatrix} = \begin{bmatrix} a\alpha + b\gamma & a\beta + b\delta \\ c\alpha + d\gamma & c\beta + d\delta \end{bmatrix}.$$

$$\begin{bmatrix} a & b \\ c & d \end{bmatrix}\begin{bmatrix} \alpha & \beta \\ \gamma & \delta \end{bmatrix} = \begin{bmatrix} a\alpha + b\gamma & a\beta + b\delta \\ c\alpha + d\gamma & c\beta + d\delta \end{bmatrix}.$$

$$\begin{bmatrix} a & b \\ c & d \end{bmatrix}\begin{bmatrix} \alpha & \beta \\ \gamma & \delta \end{bmatrix} = \begin{bmatrix} a\alpha + b\gamma & a\beta + b\delta \\ c\alpha + d\gamma & c\beta + d\delta \end{bmatrix}.$$

Otra forma de expresar el producto matricial es la siguiente: Dadas $A = (a_{ij})_{m\times n}$ y $B = (b_{ij})_{n\times p}$, el producto AB es la matriz $C = (c_{ij})_{m\times p}$ cuyos elementos c_{ij} se obtienen como:

$$c_{ij} = a_{i1}b_{1j} + a_{i2}b_{2j} + \cdots + a_{in}b_{nj} = \sum_{k=1}^{n} a_{ik}b_{kj}.$$

De una manera gráfica se puede ver mejor

$$\begin{bmatrix} a_{11} & \cdots & a_{1n} \\ \vdots & \vdots & \vdots \\ a_{i1} & \cdots & a_{in} \\ \vdots & \vdots & \vdots \\ a_{m1} & \cdots & a_{mn} \end{bmatrix} \begin{bmatrix} b_{11} & \cdots & b_{1j} & \cdots & b_{1p} \\ \vdots & \vdots & \vdots & \vdots & \vdots \\ b_{n1} & \cdots & b_{nj} & \cdots & b_{np} \end{bmatrix} = \begin{bmatrix} c_{11} & \cdots & c_{1j} & \cdots & c_{1p} \\ \vdots & \ddots & \vdots & \ddots & \vdots \\ c_{i1} & \cdots & c_{ij} & \cdots & c_{ip} \\ \vdots & \ddots & \vdots & \ddots & \vdots \\ c_{m1} & \cdots & c_{mj} & \cdots & c_{mp} \end{bmatrix}.$$

Observa que no deben quedar elementos «desemparejados». Veamos algunos ejemplos.

$$\begin{bmatrix} x & y \\ 0 & z \end{bmatrix} \begin{bmatrix} a & b & c \\ d & e & f \end{bmatrix} = \begin{bmatrix} xa+yd & xb+ye & xc+yf \\ zd & ze & zf \end{bmatrix}.$$

$$\begin{bmatrix} a & b & c \\ d & e & f \end{bmatrix} \begin{bmatrix} x & y \\ 0 & z \end{bmatrix} = \text{No se pueden multiplicar.}$$

$$\begin{bmatrix} a & b \end{bmatrix} \begin{bmatrix} x \\ y \end{bmatrix} = ax + by.$$

Observa que este último producto es el producto escalar.

$$\begin{bmatrix} x \\ y \end{bmatrix} \begin{bmatrix} a & b \end{bmatrix} = \begin{bmatrix} xa & xb \\ ya & yb \end{bmatrix}.$$

Ejercicio 1.3 Multiplica

$$\begin{bmatrix} a & b & c \end{bmatrix} \begin{bmatrix} 1 & 2 & 3 \\ 0 & 4 & 5 \\ 0 & 0 & 6 \end{bmatrix}.$$

Ejercicio 1.4 El producto vectorial de los vectores $\mathbf{x} = (x_1, x_2, x_3)$, $\mathbf{y} = (y_1, y_2, y_3)$ es el vector

$$\mathbf{x} \times \mathbf{y} = \begin{vmatrix} \mathbf{i} & \mathbf{j} & \mathbf{k} \\ x_1 & x_2 & x_3 \\ y_1 & y_2 & y_3 \end{vmatrix} = (x_2y_3 - x_3y_2, -x_1y_3 + x_3y_1, x_1y_2 - x_2y_1).$$

Rellena los huecos para que se cumpla la siguiente igualdad.

$$\underbrace{\begin{bmatrix} \star & \star & \star \\ \star & \star & \star \\ \star & \star & \star \end{bmatrix}}_{=A} \begin{bmatrix} y_1 \\ y_2 \\ y_3 \end{bmatrix} = \begin{bmatrix} x_2y_3 - x_3y_2 \\ -x_1y_3 + x_3y_1 \\ x_1y_2 - x_2y_1 \end{bmatrix}.$$

¿Es cierto que $A\mathbf{y} = \mathbf{0}$ implica $\mathbf{y} = \mathbf{0}$?

En el siguiente teorema recogemos las propiedades más importantes del producto de matrices.

Teorema 1.2. Propiedades del producto de matrices

Sean A, B, C matrices y $\lambda \in \mathbb{C}$. Siempre que existan los productos, se verifica

a) $A(BC) = (AB)C$.

b) $A(B+C) = AB + AC$, $(A+B)C = AC + BC$.

c) $\lambda(AB) = (\lambda A)B = A(\lambda B)$.

d) $AO = O$, $OA = O$, (O es la matriz nula de tamaño adecuado).

e) $AI = A$, $IA = A$, (I es la matriz identidad de tamaño adecuado).

Ejemplo 1.1 Sea $A\mathbf{x} = \mathbf{0}$ un sistema de ecuaciones. Prueba que

a) $\mathbf{0}$ es solución.

b) Si $\mathbf{x}_1$ e $\mathbf{x}_2$ son soluciones del sistema, $\lambda\mathbf{x}_1 + \mu\mathbf{x}_2$ es también solución.

Sea $A\mathbf{x} = \mathbf{b}$ otro sistema de ecuaciones. Prueba que si $\mathbf{x}_1, \mathbf{x}_2$ son soluciones, entonces $\mathbf{x}_1 + \lambda(\mathbf{x}_2 - \mathbf{x}_1)$ es también otra solución. Observa que esto demuestra que si hay dos soluciones distintas, entonces hay infinitas.

a) $A\mathbf{0} = \mathbf{0}$.

b) $A(\lambda\mathbf{x}_1 + \mu\mathbf{x}_2) = \lambda A\mathbf{x}_1 + \mu A\mathbf{x}_2 = \lambda\mathbf{0} + \mu\mathbf{0} = \mathbf{0}$.

$$A[\mathbf{x}_1 + \lambda(\mathbf{x}_2 - \mathbf{x}_1)] = A\mathbf{x}_1 + \lambda A(\mathbf{x}_2 - \mathbf{x}_1) = \mathbf{b} + \lambda(\mathbf{b} - \mathbf{b}) = \mathbf{b}.$$

Fin del ejemplo

Ejercicio 1.5 Si A y B son matrices cuadradas arbitrarias y $\mathbf{v}$ es un vector que cumple $A\mathbf{v} = a\mathbf{v}$, $B\mathbf{v} = b\mathbf{v}$, siendo $a, b \in \mathbb{R}$, simplifica $AB\mathbf{v}$.

Presta atención a que el producto de matrices no cumple propiedades usuales de los escalares.

a) $AB = O$ no implica que alguna de las matrices sea nula.

b) AB no es siempre igual a BA.

c) $AB = AC$ no implica que $B = C$.

Veamos algunos ejemplos y ejercicios.

Ejemplo 1.2 Considera la figura siguiente. ¿Cuales son las soluciones del sistema $A\mathbf{x} = \mathbf{0}$? Observa que hay soluciones no nulas.

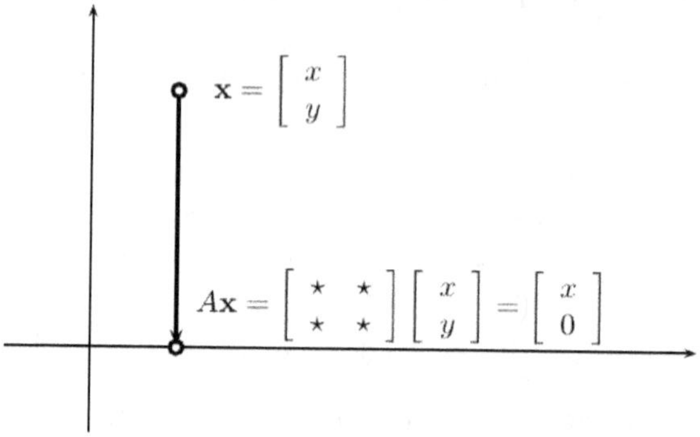

Lo vamos a hacer de dos maneras: algebraicamente y geométricamente.

Algebraicamente. Primero, rellenemos los huecos en la matriz A:

$$\begin{bmatrix} \star & \star \\ \star & \star \end{bmatrix} \begin{bmatrix} x \\ y \end{bmatrix} = \begin{bmatrix} x \\ 0 \end{bmatrix} \quad \Rightarrow \quad \underbrace{\begin{bmatrix} 1 & 0 \\ 0 & 0 \end{bmatrix}}_{A} \underbrace{\begin{bmatrix} x \\ y \end{bmatrix}}_{\mathbf{x}} = \underbrace{\begin{bmatrix} x \\ 0 \end{bmatrix}}_{A\mathbf{x}}.$$

Ahora resolvemos $A\mathbf{x} = \mathbf{0}$. Por la igualdad anterior, $\begin{bmatrix} x \\ 0 \end{bmatrix} = \begin{bmatrix} 0 \\ 0 \end{bmatrix}$. Luego $x = 0$ e $y \in \mathbb{R}$ es arbitrario. Luego la solución de $A\mathbf{x} = \mathbf{0}$ es

$$\mathbf{x} = \begin{bmatrix} 0 \\ y \end{bmatrix}, \qquad y \in \mathbb{R}.$$

Observa que como y es arbitrario, hay infinitas soluciones. Además debes observar que de $A\mathbf{x} = \mathbf{0}$, no se deduce que $\mathbf{x} = \mathbf{0}$, puesto que hay soluciones no nulas.

Geométricamente. Si $\mathbf{x} \in \mathbb{R}^2$, ¿qué es $A\mathbf{x}$?. Observa que $A\mathbf{x}$ es la proyección del punto $\mathbf{x}$ sobre el eje x. Ahora, ¿qué puntos $\mathbf{x}$ cumplen $A\mathbf{x} = \mathbf{0}$? Son los puntos $\mathbf{x}$ tales que su proyección es el origen. Es decir, el eje y. Cualquier punto del eje y es de la forma

$$\mathbf{x} = \begin{bmatrix} 0 \\ y \end{bmatrix}, \qquad y \in \mathbb{R}.$$

Fin del ejemplo

Ejercicio 1.6 Dadas las matrices

$$A = \begin{bmatrix} 0 & 0 \\ 1 & 1 \end{bmatrix}, \quad B = \begin{bmatrix} 1 & 1 \\ 0 & 0 \end{bmatrix}$$

Halla AB y BA. Comprueba que $AB = A$, y sin embargo, no se puede «tachar» la matriz A de la siguiente manera: $\not{A}B = \not{A} \rightarrow B = I$.

Veamos otro ejemplo: Mira la figura siguiente.

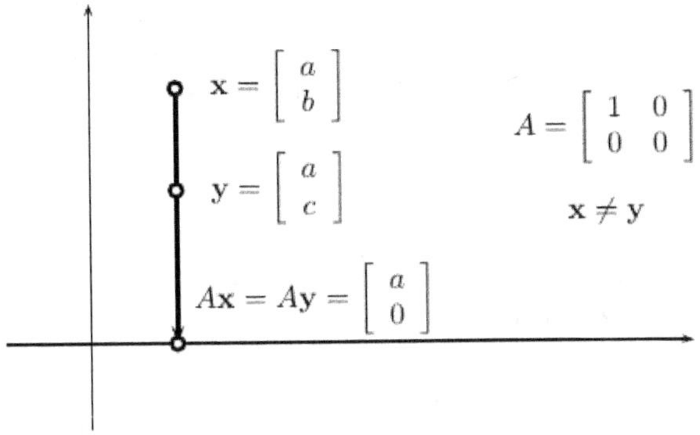

Observa que de $A\mathbf{x} = A\mathbf{y}$ no se deduce $\mathbf{x} = \mathbf{y}$ y que no se puede «tachar» la matriz A.

Hay que tener mucho cuidado con el producto matricial.

a) $AB + AC = A(B + C)$. Correcto.

b) $AB + CA = A(B + C)$. Incorrecto. ¿Por qué?

c) $AB + A = A(B + I)$. Correcto.

d) $AB + A = (B + I)A$. Incorrecto. ¿Por qué?

e) $AB + A = A(B + 1)$. Incorrecto. ¿Por qué?

f) $(A + B)^2 = A^2 + B^2 + 2AB$. Incorrecto.

g) $(A + B)^2 = (A + B)(A + B) = A^2 + AB + BA + B^2$. Correcto.

Ejercicio 1.7 Simplifica $(A + B)(A - B)$. La solución no es $A^2 - B^2$.

Ejercicio 1.8 Intenta sacar factor común en la expresión $AX + A^2Y + \lambda A$ si $\lambda \in \mathbb{R}$. Observa que en la expresión $AX + YA$ no se puede sacar factor común A, a no ser que $YA = AY$.

Ya hemos visto que hay que tener cuidado con el cuadrado de una matriz. Vamos a ver otro ejercicio que lo confirma.

Ejercicio 1.9 Sea

$$A = \begin{bmatrix} 0 & 1 \\ 0 & 0 \end{bmatrix}.$$

Calcula A^2.

Ejemplo 1.3 Supongamos que los N habitantes de una cierta ciudad realizan sus compras en una de las tres cadenas de alimentación existentes X, Y, Z. Se observa un movimiento de clientes de una cadena a otra. Concretamente, cada mes la cadena X conserva el 80% de sus clientes, atrae el 20% de los de Y y el 10% de los de Z. Análogamente, Y conserva el 70% de sus clientes, atrae el 10% de X y el 30% de Z. Finalmente Z atrae el 10% de los clientes de X y el 10% de los de Y. Modelar el número de habitantes que compran en cada una de las cadenas tras el mes n-ésimo.

Sean x_n, y_n, z_n son los números de consumidores que compran en X, Y, Z en el mes n. Vamos a fijarnos en los compradores que compran en X en el mes $n+1$. Éstos han podido provenir de X, Y o de Z (mira la figura de la derecha).

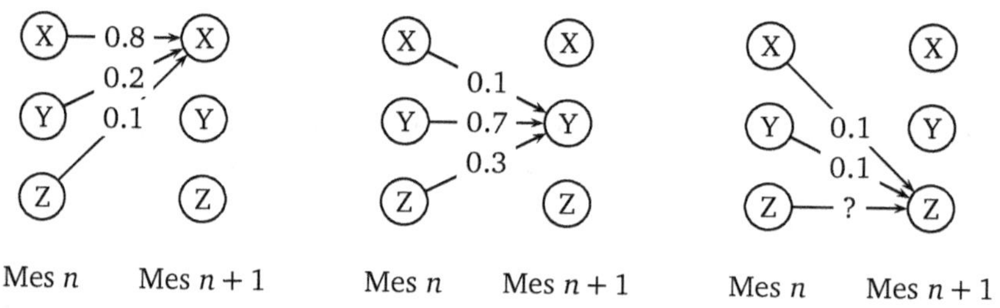

Por tanto, si tenemos en cuenta los porcentajes,

$$x_{n+1} = 0.8x_n + 0.2y_n + 0.1z_n.$$

Análogamente se tiene que

$$y_{n+1} = 0.1x_n + 0.7y_n + 0.3z_n.$$

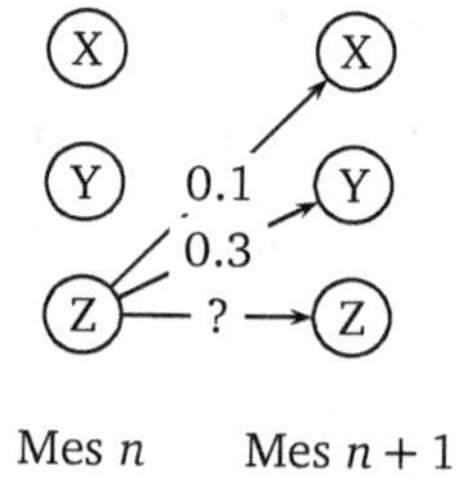

Si nos fijamos en la figura de la derecha, vemos fácilmente que el porcentaje que falta es 60% (ya que la suma de los porcentajes es 100 y el sistema es «cerrado»). Por tanto,

$$z_{n+1} = 0.1x_n + 0.1y_n + 0.6z_n.$$

Estas tres últimas ecuaciones escalares se pueden escribir de forma compacta usando matrices:

$$\begin{bmatrix} x_{n+1} \\ y_{n+1} \\ z_{n+1} \end{bmatrix} = \begin{bmatrix} 0.8 & 0.2 & 0.1 \\ 0.1 & 0.7 & 0.3 \\ 0.1 & 0.1 & 0.6 \end{bmatrix} \begin{bmatrix} x_n \\ y_n \\ z_n \end{bmatrix} \quad \Rightarrow \quad \mathbf{v}_{n+1} = A\mathbf{v}_n.$$

$$\mathbf{v}_1 = A\mathbf{v}_0, \quad \mathbf{v}_2 = A\mathbf{v}_1 = A(A\mathbf{v}_0) = A^2\mathbf{v}_0, \quad \mathbf{v}_3 = A\mathbf{v}_2 = A(A^2\mathbf{v}_0) = A^3\mathbf{v}_0.$$

$$\mathbf{v}_n = A^n\mathbf{v}_0.$$

Fin del ejemplo

Veamos otra aplicación de la potenciación de matrices.

Definición 1.6. Grafo dirigido

Un **grafo dirigido** es un conjunto finito de puntos $p_1, p_2, \ldots, p_n$ y una colección de pares ordenados (p_i, p_j). A los elementos del conjunto se les llama **vértices** y a los pares ordenados, **arcos**. La notación $p_i \to p_j$ indica que el arco (p_i, p_j) pertenece al grafo.

La siguiente figura muestra un grafo dirigido que puede representar el mapa de rutas de una pequeña línea aérea que da servicio a cuatro ciudades.

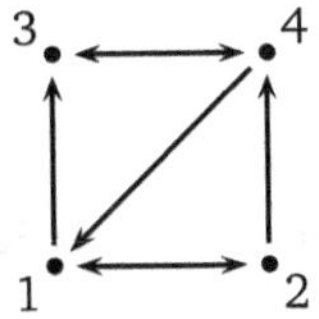

A un grafo dirigido de n vértices se le puede asociar una matriz $A = (a_{ij})$ de orden $n \times n$, llamada **matriz de adyacencia**. Sus elementos se definen:

$$a_{ij} = 1 \text{ si } p_i \to p_j, \qquad a_{ij} = 0 \text{ en los demás casos.}$$

La matriz de adyacencia del grafo anterior es

$$A = \begin{bmatrix} 0 & 1 & 1 & 0 \\ 1 & 0 & 0 & 1 \\ 0 & 0 & 0 & 1 \\ 1 & 0 & 1 & 0 \end{bmatrix}.$$

Teorema 1.3. Número de caminos de longitud k entre dos nodos en un grafo

Si A es la matriz de adyacencia de un grafo dirigido, entonces la entrada (i, j) de A^k es el número de caminos de longitud k que hay entre p_i y p_j.

Ejemplo 1.4 ¿Cuántos caminos de longitud 2 hay entre los nodos 2 y 3? ¿y de 2 a 2?

Un cálculo sencillo prueba que

$$A^2 = \begin{bmatrix} 1 & 0 & 0 & 2 \\ 1 & 1 & 2 & 0 \\ 1 & 0 & 1 & 0 \\ 0 & 1 & 1 & 1 \end{bmatrix}.$$

Como la entrada $(2, 3)$ de A^2 es 2, hay 2 caminos de longitud 2 entre los nodos 2 y 3. Como la entrada $(2, 2)$ de A^2 es 1, hay 1 camino de longitud 2 entre los nodos 2 y 2.

Fin del ejemplo

Observa que este teorema, no dice qué caminos hay; solo cuántos de caminos hay.

1.3 Trasposición de matrices

Definición 1.7. Transposición

Dada una matriz A, definimos la **traspuesta** de A como la matriz resultante de cambiar filas por columnas. La denotaremos por A^T.

Dos ejemplos sencillos son los siguientes:

$$\begin{bmatrix} a & b \end{bmatrix}^T = \begin{bmatrix} a \\ b \end{bmatrix}, \qquad \begin{bmatrix} a & b \\ c & d \end{bmatrix}^T = \begin{bmatrix} a & c \\ b & d \end{bmatrix}.$$

Un tipo muy importante de matrices son las simétricas.

Definición 1.8. Matrices simétricas

Una matriz es **simétrica** si $A^T = A$.

Una matriz simétrica es forzosamente cuadrada. Mira el siguiente ejemplo de una matriz 3×3.

$$\begin{bmatrix} a & b & c \\ b & d & e \\ c & e & f \end{bmatrix}.$$

El nombre de simétrica proviene del hecho de que la matriz tiene un eje de simetría en la diagonal que va desde la entrada $(1,1)$ hasta la (n,n). Esta diagonal se suele llamar **principal**.

Teorema 1.4. Propiedades de la transposición

a) $\left(A^T\right)^T = A$.

b) $(A+B)^T = A^T + B^T$.

c) $(\lambda A)^T = \lambda A^T$.

d) $(AC)^T = C^T A^T$.

Ejercicio 1.10 Si A es una matriz arbitraria, prueba que $A+A^T$ y AA^T son simétricas. Ayuda: Para probar que $A+A^T$ es simétrica, tienes que demostrar que $A+A^T$ coincide con su simétrica, es decir, $(A+A^T)^T = A+A^T$. La prueba de que AA^T es simétrica es análoga.

1.4 Determinante de una matriz cuadrada

El **determinante** de una matriz cuadrada, que se denota det(A) ó $|A|$, se define recursivamente.

Definición 1.9. Determinante

a) Si $A = (a_{11})$ es una matriz de orden 1×1, entonces $\det(A) = a_{11}$.

b) Sea $A = \left(a_{ij}\right)$ una matriz de orden $n \times n$ con $n > 1$. Llamamos A_{ij} a la submatriz de orden $(n-1) \times (n-1)$ que resulta de suprimir de A la fila i y la columna j. Llamamos **cofactor** del lugar (i, j) al número

$$C_{ij} = (-1)^{i+j} \det(A_{ij}).$$

El **determinante** de A es

$$\det(A) = a_{11}C_{11} + a_{12}C_{12} + \cdots + a_{1n}C_{1n}.$$

Para matrices de orden 2, tenemos

$$\det\begin{bmatrix} a & b \\ c & d \end{bmatrix} = (-1)^{1+1} a \det\begin{bmatrix} a & b \\ c & d \end{bmatrix} + (-1)^{1+2} b \det\begin{bmatrix} a & b \\ c & d \end{bmatrix} = ad - bc.$$

Para matrices de orden 3 se tiene la regla de Sarrus:

$$\det\begin{bmatrix} a & b & c \\ d & e & f \\ g & h & i \end{bmatrix} = aei + bfg + cdh - ceg - afh - bdi.$$

$$\begin{bmatrix} a & b & c & a & b \\ d & e & f & d & e \\ g & h & i & g & h \end{bmatrix} \qquad \begin{bmatrix} a & b & c & a & b \\ d & e & f & d & e \\ g & h & i & g & h \end{bmatrix}$$

Recopilamos las propiedades más importantes de los determinantes.

a) El determinante de una matriz coincide con el determinante de su traspuesta. Por esta propiedad, los resultados que se den para filas son válidos para columnas y viceversa.

b) Desarrollo por filas (o columnas). Para toda fila i o columna j,

$$\det(A) = a_{i1}C_{i1} + a_{i2}C_{i2} + \cdots + a_{in}C_{in}$$

$$\det(A) = a_{1j}C_{1j} + a_{2j}C_{2j} + \cdots + a_{nj}C_{nj}$$

Por esta propiedad, conviene fijarse por donde más ceros haya. Por ejemplo

$$\det\begin{bmatrix} a & b & c \\ 0 & 0 & d \\ e & f & g \end{bmatrix} = -d \det\begin{bmatrix} a & b \\ e & f \end{bmatrix} = \cdots$$

c) El determinante de una matriz triangular (superior o inferior)

$$\det\begin{bmatrix} a_{11} & a_{12} & \cdots & a_{1n} \\ 0 & a_{22} & \cdots & a_{2n} \\ \vdots & \vdots & \ddots & \vdots \\ 0 & 0 & \cdots & a_{nn} \end{bmatrix} = a_{11}a_{22}\cdots a_{nn}.$$

d) Si las columnas de una matriz A son $\mathbf{A}_1, \ldots, \mathbf{A}_n$, entonces

$$\det[\mathbf{A}_1 \ \cdots \ \lambda\mathbf{A}_i \ \cdots \ \mathbf{A}_n] = \lambda \det[\mathbf{A}_1 \ \cdots \ \mathbf{A}_i \ \cdots \ \mathbf{A}_n].$$

Similarmente para filas. Por ejemplo, si nos fijamos en la segunda columna

$$\det \begin{bmatrix} 1 & 2 & 3 \\ 0 & 4 & 5 \\ 1 & 0 & 7 \end{bmatrix} = 2 \det \begin{bmatrix} 1 & 1 & 3 \\ 0 & 2 & 5 \\ 1 & 0 & 7 \end{bmatrix}.$$

Ejercicio 1.11 La fórmula $\det(\lambda A) = \lambda \det(A)$ es **falsa.** Establece la fórmula correcta para $\det(\lambda A)$. ¿Es cierta la fórmula $\det(X + Y) = \det(X) + \det(Y)$?

Ejemplo 1.5 Si $A = -A^T$ y A es de orden impar deduce que $\det(A) = 0$.

Es una mala idea llamar

$$A = \begin{bmatrix} a_{11} & \cdots & a_{1n} \\ \vdots & \ddots & \vdots \\ a_{n1} & \cdots & a_{nn} \end{bmatrix},$$

luego intentar usar la condición $A = -A^T$, y luego calcular $\det(A)$, pues de la condición $A = -A^T$ solo logramos $a_{ij} + a_{ji} = 0$, y el determinante de orden n de una matriz con poca información es muy difícil de calcular.

Otro enfoque es usar las propiedades de los determinantes. De la condición $A = -A^T$ logramos $\det(A) = \det(-A^T)$. Observa que si B es una matriz, entonces $-B = (-1)B$, y usa algo ya visto para simplificar $\det(-A^T)$.

Fin del ejemplo

Ejercicio 1.12 Si $A = (a_{ij})$ es una matriz de orden n que cumple $A = -A^T$, prueba que $a_{ii} = 0$ para $i = 1, \ldots, n$.

Los determinantes se caculan de forma eficiente por el método de Gauss.

Método de Gauss para el cálculo de un determinante

1) Si se permutan dos filas, el determinante cambia de signo.

2) Si se hace la operación Fila $i \to$ Fila $i + \lambda$Fila j, el determinante no cambia de valor.

Objetivo: Triangularizar la matriz y luego usar el determinante de una matriz triangular.

Ejemplo 1.6 Calcula por el método de Gauss

$$\det\begin{bmatrix} 1 & 1 & 2 \\ 2 & 3 & 5 \\ 2 & 4 & 8 \end{bmatrix}.$$

$$\begin{vmatrix} 1 & 1 & 2 \\ 2 & 3 & 5 \\ 2 & 4 & 8 \end{vmatrix} \overset{(a)}{=} \begin{vmatrix} 1 & 1 & 2 \\ 0 & 1 & 1 \\ 0 & 2 & 4 \end{vmatrix} \overset{(b)}{=} \begin{vmatrix} 1 & 1 & 2 \\ 0 & 1 & 1 \\ 0 & 0 & 2 \end{vmatrix} = 2.$$

Hemos hecho las siguientes operaciones elementales:

(a) 2ª Fila $\to 2^a$ Fila $- 2 \cdot 1^a$ Fila, y 3ª Fila $\to 3^a$ Fila $- 2 \cdot 1^a$ Fila.

(b) 3ª Fila $\to 3^a$ Fila $- 2 \cdot 2^a$ Fila.

Fin del ejemplo

¿Cómo se calculan los «multiplicadores» Si queremos tener el siguiente esquema

$$\det\begin{bmatrix} a & b \\ c & d \end{bmatrix} = \det\begin{bmatrix} a & b \\ 0 & * \end{bmatrix}, \qquad 2^a \text{ Fila} \to 2^a \text{ Fila} + \lambda \cdot 1^a \text{ Fila}$$

Deberemos tener

$$0 = c + \lambda a \qquad \Rightarrow \qquad \lambda = -\frac{c}{a}. \tag{1.1}$$

Veamos otro ejemplo.

Ejemplo 1.7 Calcula por el método de Gauss

$$\det\begin{bmatrix} 2 & 1 & 2 \\ 3 & 2 & 1 \\ 4 & 2 & 2 \end{bmatrix}.$$

$$\det\begin{bmatrix} 2 & 1 & 2 \\ 3 & 2 & 1 \\ 4 & 2 & 2 \end{bmatrix} = \det\begin{bmatrix} 2 & 1 & 2 \\ 0 & 1/2 & -2 \\ 0 & 0 & -2 \end{bmatrix} = -2.$$

Ya que hemos hecho las siguientes operaciones:

2ª Fila $\to 2^a$ Fila $- (3/2) \cdot 1^a$ Fila,

3ª Fila $\to 3^a$ Fila $- 2 \cdot 1^a$ Fila.

Observa que la siguiente operación es **errónea**:

2ª Fila $\to 2 \cdot 2^a$ Fila $- 3 \cdot 1^a$ Fila,

pues tendríamos

$$\det\begin{bmatrix} 2 & 1 & 2 \\ 3 & 2 & 1 \\ 4 & 2 & 2 \end{bmatrix} = \det\begin{bmatrix} 2 & 1 & 2 \\ 0 & 1 & -4 \\ 0 & 0 & -2 \end{bmatrix} = -4,$$

que evidentemente es falso.

Fin del ejemplo

El ejemplo anterior nos muestra que la operación gaussiana correcta es

$$\text{Fila } i \longrightarrow \text{Fila } i + \lambda \cdot \text{Fila } i.$$

Es decir, que la fila que cambia no debe ser multiplicada por ningún valor.

Falta un caso por tratar: ¿qué pasa si $a = 0$ en (1.1)? Realemente, resolver esta situación es muy fácil, y lo vemos con un ejemplo trivial. Si queremos hallar

$$\det\begin{bmatrix} 0 & b \\ c & d \end{bmatrix},$$

basta intercambiar la primera y segunda fila:

$$\det\begin{bmatrix} 0 & b \\ c & d \end{bmatrix} = -\det\begin{bmatrix} c & d \\ 0 & b \end{bmatrix} = -cb.$$

Ejercicio 1.13 Calcula por el método de Gauss los siguientes determinantes

$$\det\begin{bmatrix} 1 & 1 \\ 1 & 2 \end{bmatrix}, \quad \det\begin{bmatrix} 1 & 2 & 3 \\ 4 & 5 & 6 \\ 7 & 8 & 9 \end{bmatrix}, \quad \det\begin{bmatrix} 1 & 2 & 2 \\ 1 & 2 & 1 \\ 1 & 1 & 2 \end{bmatrix}.$$

Las soluciones son, respectivamente, 1, 0, −1.

La siguiente propiedad se usa mucho.

Teorema 1.5. El producto matricial y los determinantes

Si A y B son matrices cuadradas del mismo tamaño, entonces

$$\det(AB) = \det(A)\det(B).$$

Ya vimos que la fórmula $\det(A+B) = \det(A) + \det(B)$ es, generalmente, falsa.

Ejercicio 1.14 Usa el teorema 1.5 para probar lo siguiente: Sean A y B matrices cuadradas de tamaño arbitrario.

a) Si A cumple, $A^2 = 0$, entonces halla $\det(A)$.

b) Si $BB^T = I$, halla los posibles valores de $\det(B)$.

Ten cuidado: si $A^2 = O$, no se deduce que $A = O$, por ejemplo,

$$A = \begin{bmatrix} 0 & 1 \\ 0 & 0 \end{bmatrix}.$$

1.5 Inversa de una matriz cuadrada

Definición 1.10. Matriz invertible

Una matriz cuadrada A **es invertible** si existe una matriz B tal que

$$AB = BA = I.$$

Se puede demostrar que esta matriz B, si existe, es única. Se denota A^{-1} y se llama la **inversa** de A. La igualdad de la definición anterior se expresa de un modo más habitual de la manera siguiente:

$$AA^{-1} = A^{-1}A = I.$$

Cualquier números real distinto de 0 tiene inverso. Pero esto no es cierto con las matrices como vamos a ver dentro de poco: hay matrices no nulas que no son invertibles.

Recuerda que el concepto de invertibilidad solo tiene sentido para matrices cuadradas.

Teorema 1.6. Propiedades de la inversa

Sea A una matriz de orden $n \times n$.

a) A es invertible si y solo si $\det(A) \neq 0$.

b) Si existe B tal que $AB = I$ ó $BA = I$, entonces A es invertible y $B = A^{-1}$.

Observa la propiedad b). Solo hace falta comprobar una de las dos igualdades de la definición de inversa.

Ejemplo 1.8 En este ejemplo, A es una matriz cuadrada de orden arbitrario.

a) Si $A^3 = 4I$, prueba que A es invertible. ¿Cuál es A^{-1}?

b) Si $A^2 = A$, prueba que si $A \neq I$, entonces A no es invertible.

c) Si $A^{k+1} = O$, prueba que $I - A$ es invertible y $(I-A)^{-1} = I + A + \cdots + A^k$.

a) Un intento es usar determinantes: Como $A^3 = 4I$, entonces $\det(A^3) = \det(4I)$. Aplicando propiedades de los determinantes, $\det(A^3) = \det(A)^3$ y $\det(4I) = 4^n$ (¡cuidado! $\det(4I)$ **no** es

$4\det(I) = 4)$. Luego $\det(A)^3 = 4^n$, luego $\det(A) = \sqrt[3]{4^n} \neq 0$, por tanto A es invertible[1]. Pero observa que este método no calcula la inversa de A.

Otro método es intentar usar la definición de inversa: si logramos encontrar una matriz X tal que $AX = I$, entonces A es invertible y $A^{-1} = B$. Sabemos que la matriz A cumple $A^3 = 4I$. ¿Qué hacemos para encontrar esta X?

$$A^3 = 4I \qquad \Leftrightarrow \qquad AX = I \tag{1.2}$$

Hay que advertir que no todas las matrices son invertibles, y a veces no podremos usar este razonamiento.

Un poco de reflexión, si miramos en (1.2), muestra que podemos escindir A^3 como AA^2 y pasar el 4 de la derecha al otro lado de la primera igualdad de (1.2). Luego A es invertible y $A^{-1} = 4^{-1}A$.

b) Si usamos determinantes, como $A^2 = A$, entonces $\det(A^2) = \det(A)$. Luego $\det(A)^2 = \det(A)$. La ventaja de usar determinantes es que un determinante es un número, y si llamamos $x = \det(A)$, entonces tenemos la ecuación de segundo grado $x^2 = x$, cuyas[2] soluciones son $x = 0$, $x = 1$. Si $x = 0$ (es decir, $\det(A) = 0$), la matriz A no es invertible. Si $x = 1$, la matriz A es invertible (puesto que $\det(A) \neq 0$) y de $A^2 = A$, multiplicando por la derecha por A^{-1}, logramos $A = I$.

c) Nos piden probar que $I - A$ es invertible. Claramente es una mala idea usar determinantes, ya que tendríamos que probar $\det(I - A) \neq 0$ y no hay una fórmula sencilla para el determinante de una resta de matrices.

Pero en el propio enunciado nos dicen un «candidato» para la inversa de $I - A$, es la matriz $I + A + \cdots + A^k$. ¿Cómo se prueba que una matriz es inversa de otra? Si multiplicamos dos matrices X e Y y obtenemos la matriz identidad, entonces X es la inversa de Y (y viceversa). Luego hay que multiplicar $I - A$ por $I + A + \cdots + A^k$ y ver que el producto es I. Cuando tengas que manejar expresiones con «puntos suspensivos» conviene escribir, como mínimo, los dos primeros y los dos últimos.

$$\begin{aligned}(I - A)(I + A + \cdots + A^{k-1} + A^k) &= I + A + \cdots + A^{k-1} + A^k - (A + A^2 + \cdots + A^k + A^{k+1}) \\ &= I - \cancelto{O}{A^{k+1}} = I\end{aligned}$$

Fin del ejemplo

Ejercicio 1.15 En este ejercicio, A es una matriz cuadrada de orden arbitrario.

a) Si $AA^T = I$, prueba que A es invertible. ¿Cuál es A^{-1}?

b) Si $A^3 = O$, prueba que A no es invertible.

c) Si $A^2 + 2A = I$, prueba que A es invertible y halla A^{-1}.

¿Para qué sirve la inversión matricial? Para «despejar». Veamos algunos ejemplos:

[1] Observa que la raíz cúbica matricial no existe; pero el determinante es un número, y la raíz de un número sí existe.

[2] Cuidado con «comerte» algunas soluciones. Por ejemplo, de $x^2 = x$, no se puede dividir por x (a no ser que sepamos $x \neq 0$) pues si dividimos por x, entonces $x = 1$; es decir, nos hemos «comido» la solcución $x = 0$.

a) Si $AB = C$ y si A es invertible, entonces $B = A^{-1}C$.

b) Cuidado, si $AB = C$ y si A es invertible, entonces $B \neq CA^{-1}$ (a no ser que C y A^{-1} conmuten).

c) A priori, $A\mathbf{x} = \mathbf{b}$ se podría resolver como $\mathbf{x} = A^{-1}\mathbf{b}$ (si A fuera invertible). Pero un sistema de ecuaciones no se suele resolver de esta manera (ya que número de operaciones es excesivo). En el tema siguiente veremos un método efectivo para resolver los sistemas de ecuaciones lineales.

Ejercicio 1.16 En estos ejercicios, A es una matriz cuadrada.

a) Si A es invertible y $A\mathbf{x} = \mathbf{0}$, prueba que $\mathbf{x} = \mathbf{0}$.

b) Si $AA^T = I$ y $A\mathbf{x} = \mathbf{b}$, prueba que A es invertible y $\mathbf{x} = A^T\mathbf{b}$.

¿Para qué sirve la inversión matricial? Para «tachar».

a) $AB = AC$ y A es invertible $\Rightarrow$ $\cancel{A}B = \cancel{A}C$ $\Rightarrow$ $B = C$ (se multiplica por A^{-1} a la izquierda).

b) $BA = CA$ y A es invertible $\Rightarrow$ $B\cancel{A} = C\cancel{A}$ $\Rightarrow$ $B = C$ (se multiplicado por A^{-1} a la derecha).

c) Si $AB = CA$ y A es invertible no se puede deducir mucho más ya que A está a a izquierda y a la derecha. Se puede deducir que $B = A^{-1}CA$ y $C = ABA^{-1}$.

d) Si $AB = AC$ y A no es invertible no se puede deducir $B = C$. Mira la figura siguiente, en donde A no es invertible pues $\det(A) = 0$.

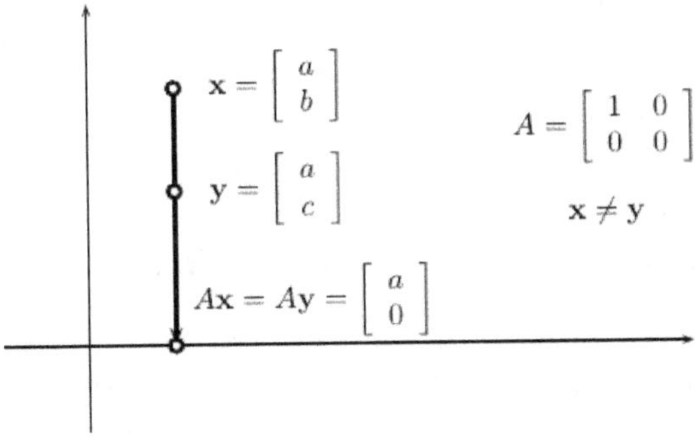

Teorema 1.7. Propiedades de las matrices invertibles

Sean A y B matrices cuadradas invertibles y sea $\lambda \in \mathbb{C}$, $\lambda \neq 0$. Entonces

a) AB es invertible y $(AB)^{-1} = B^{-1}A^{-1}$.

b) λA es invertible y $(\lambda A)^{-1} = (1/\lambda)A^{-1}$.

La primera propiedad se suele llamar la «regla del zapato y del calcetín». Si nos ponemos un calcetín y luego un zapato, ¿qué hacemos para deshacer el proceso? Primero quitarnos el zapato y luego el calcetín.

Ejercicio 1.17 Determina los valores de λ para los cuales la matriz

$$\begin{bmatrix} -3-\lambda & 0 & 3 \\ 0 & 2-\lambda & 0 \\ -5 & 0 & 5-\lambda \end{bmatrix}$$

no es invertible. La solución es $\lambda = 0$ ó $\lambda = 2$.

Algoritmo de Gauss-Jordan para el cálculo de la inversa

Sea A una matriz de orden $n \times n$. Colocamos al lado I_n. Si mediante operaciones elementales sobre las filas (permitiendo además multiplicar por escalares no nulos), transformamos A en I_n, entonces I_n se transforma en A^{-1}.

Ejemplo 1.9 Calcular la inversa de $\begin{bmatrix} 1 & 3 \\ 1 & 2 \end{bmatrix}$.

$$\left[\begin{array}{cc|cc} 1 & 3 & 1 & 0 \\ 1 & 2 & 0 & 1 \end{array}\right] \xrightarrow{F_2 \to F_2 - F_1} \left[\begin{array}{cc|cc} 1 & 3 & 1 & 0 \\ 0 & -1 & -1 & 1 \end{array}\right] \xrightarrow{F_1 \to F_1 + 3 \cdot F_2} \left[\begin{array}{cc|cc} 1 & 0 & -2 & 3 \\ 0 & -1 & -1 & 1 \end{array}\right]$$

$$\xrightarrow{F_2 \to (-1) \cdot F_2} \left[\begin{array}{cc|cc} 1 & 0 & -2 & 3 \\ 0 & 1 & 1 & -1 \end{array}\right].$$

Por tanto, la inversa es

$$\begin{bmatrix} -2 & 3 \\ 1 & -1 \end{bmatrix}.$$

Fin del ejemplo

Si en el hueco ocupado por A hay una fila de ceros, entonces A no es invertible. Por ejemplo, si la entrada $(2,2)$ de la matriz anterior fuera un 1, entonces es claro que ocurre esto.

Ejercicio 1.18 Investiga, por el método de Gauss-Jordan, si es invertible

$$\begin{bmatrix} 1 & 2 & 2 \\ 3 & 1 & 2 \\ 4 & 3 & 4 \end{bmatrix}.$$

Ejercicio 1.19 Halla por el método de Gauss-Jordan

$$\begin{bmatrix} 1 & 2 \\ 3 & 4 \end{bmatrix}^{-1}, \quad \begin{bmatrix} 1 & 2 & 3 \\ 0 & 2 & 4 \\ 0 & 0 & 3 \end{bmatrix}^{-1}.$$

La solución es

$$\frac{1}{2}\begin{bmatrix} -4 & 2 \\ 3 & -1 \end{bmatrix}, \quad \frac{1}{6}\begin{bmatrix} 6 & -6 & 2 \\ 0 & 3 & -4 \\ 0 & 0 & 2 \end{bmatrix}.$$

1.6 Matrices por bloques

A veces cuando las matrices tienen una fuerte estructura es natural considerarla partida por submatrices o **bloques**. Por ejemplo, si

$$\begin{bmatrix} 1 & 0 & 0 & a & b \\ 0 & 1 & 0 & c & d \\ 0 & 0 & 1 & e & f \\ 0 & 0 & 0 & 2 & 0 \\ 0 & 0 & 0 & 0 & 2 \end{bmatrix}$$

podemos partirla como

$$\left[\begin{array}{ccc|cc} 1 & 0 & 0 & a & b \\ 0 & 1 & 0 & c & d \\ 0 & 0 & 1 & e & f \\ \hline 0 & 0 & 0 & 2 & 0 \\ 0 & 0 & 0 & 0 & 2 \end{array}\right] = \begin{bmatrix} I & A \\ 0 & 2I \end{bmatrix},$$

y así, en vez de tratar con una matriz 5×5, la tratamos como una matriz 2×2. Por supuesto, que no siempre esto es adecuado pues se disminuye el tamaño a costa de que las entradas sean simbólicas.

Las matrices por bloques se pueden sumar y multiplicar exactamente igual que las matrices escalares; pero teniendo en cuenta que los bloques son matrices y los tamaños de los bloques deben ser apropiados para que las operaciones se puedan hacer. Por ejemplo, en la suma

$$\begin{bmatrix} A & B \\ C & D \\ E & F \end{bmatrix} + \begin{bmatrix} 0 & M \\ 0 & I \\ 0 & N \end{bmatrix} = \begin{bmatrix} A & B+M \\ C & D+I \\ E & F+N \end{bmatrix},$$

los bloques B y M deben de ser del mismo tamaño para que $B + M$ tenga sentido. Otro ejemplo:

$$\begin{bmatrix} A & B \\ C & D \end{bmatrix} + \begin{bmatrix} X & 0 \\ 0 & Y \end{bmatrix} = \begin{bmatrix} AX & BY \\ CX & DY \end{bmatrix},$$

pero

$$\begin{bmatrix} A & B \\ C & D \end{bmatrix} + \begin{bmatrix} X & 0 \\ 0 & Y \end{bmatrix} \neq \begin{bmatrix} XA & BY \\ CX & DY \end{bmatrix}.$$

Ejemplo 1.10 Calcula

$$\begin{bmatrix} a & b & c & d \\ 0 & 1 & 0 & 0 \\ 0 & 0 & 1 & 0 \\ 0 & 0 & 0 & 1 \end{bmatrix}^n.$$

Se puede partir la matriz por bloques como

$$\begin{bmatrix} a & \mathbf{v} \\ \mathbf{0} & I \end{bmatrix}.$$

Calculemos algunas potencias:

$$\begin{bmatrix} a & \mathbf{v} \\ \mathbf{0} & I \end{bmatrix}^2 = \begin{bmatrix} a & \mathbf{v} \\ \mathbf{0} & I \end{bmatrix}\begin{bmatrix} a & \mathbf{v} \\ \mathbf{0} & I \end{bmatrix} = \begin{bmatrix} a^2 & a\mathbf{v}+\mathbf{v} \\ \mathbf{0} & I \end{bmatrix},$$

$$\begin{bmatrix} a & \mathbf{v} \\ \mathbf{0} & I \end{bmatrix}^3 = \begin{bmatrix} a^2 & a\mathbf{v}+\mathbf{v} \\ \mathbf{0} & I \end{bmatrix}\begin{bmatrix} a & \mathbf{v} \\ \mathbf{0} & I \end{bmatrix} = \begin{bmatrix} a^3 & a^2\mathbf{v}+a\mathbf{v}+\mathbf{v} \\ \mathbf{0} & I \end{bmatrix},$$

Evidentemente, ya podemos escribir la fórmula para la potencia n-ésima.

Fin del ejemplo

Ejemplo 1.11 Calcula

$$\begin{bmatrix} I & A \\ 0 & I \end{bmatrix}^{-1}.$$

Escribimos

$$\begin{bmatrix} I & A \\ 0 & I \end{bmatrix}\begin{bmatrix} X & Y \\ Z & T \end{bmatrix} = \begin{bmatrix} I & 0 \\ 0 & I \end{bmatrix},$$

donde X, Y, Z, T son bloques que hay que hallar (en función de A). Desarrollando el producto:

$$X + AZ = I, \quad Y + AT = 0, \quad Z = 0, \quad T = I.$$

Se tiene $Y = -AT = -A$, $X = I - AZ = I$. Luego

$$\begin{bmatrix} I & A \\ 0 & I \end{bmatrix}^{-1} = \begin{bmatrix} I & -A \\ 0 & I \end{bmatrix}.$$

Fin del ejemplo

Ejercicio 1.20 ¿Qué puedes decir de los bloques P, Q, R, S si se cumple la siguiente igualdad?

$$\begin{bmatrix} I & 0 \\ 0 & 0 \end{bmatrix}\begin{bmatrix} P & Q \\ R & S \end{bmatrix}=\begin{bmatrix} P & Q \\ R & S \end{bmatrix}\begin{bmatrix} I & 0 \\ 0 & 0 \end{bmatrix}.$$

Ejercicio 1.21 Calcula

$$\begin{bmatrix} A & B \\ 0 & C \end{bmatrix}^{-1},$$

si A y C son invertibles.

1.7 Algunas aplicaciones geométricas de las matrices

Se puede demostrar el siguiente resultado:

Teorema 1.8.

si una transformación geométrica $T : \mathbb{R}^n \to \mathbb{R}^m$ transforma rectas paralelas en rectas paralelas y deja fijo el origen, entonces existe una matriz A tal que

$$T(\mathbf{x}) = A\mathbf{x}$$

para todo $\mathbf{x} \in \mathbb{R}^n$.

Veamos cómo se aplica este resultado para encontrar la expresión analítica de varias transformaciones geométricas. El «truco» es encontrar unos vectores (columna) $\mathbf{x}_i$ suficientes de forma que $T(\mathbf{x}_i)$ sean sencillos. Suficiente quiere decir que la matriz $[\mathbf{x}_1 \ \cdots \ \mathbf{x}_n]$ sea invertible.

Ejemplo 1.12 Considera la recta en $\mathbb{R}^2$ dada por $2y = x$. Hallar la proyección de $\mathbf{x} \in \mathbb{R}^2$ sobre esta recta.

Por el resultado anterior existe una matriz A tal que $A\mathbf{x}$ es la proyección de cualquier $\mathbf{x} \in \mathbb{R}^2$. Es claro que A debe ser una matriz de orden 2×2.

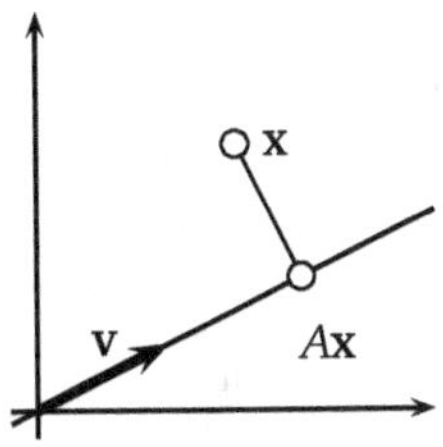

¿Qué vectores se proyectan sobre la recta de una forma sencilla? Si $\mathbf{v}$ es un vector director de la recta, es claro que $A\mathbf{v} = \mathbf{v}$ (pues $\mathbf{v}$ se queda en el mismo sitio al proyectarse). Pero también es claro que si $\mathbf{w}$ es un vector normal a la recta, entonces $A\mathbf{w} = \mathbf{0}$.

Tenemos (multiplicando por bloques)

$$A[\mathbf{v}\,\mathbf{w}] = [A\mathbf{v}\,A\mathbf{w}] = [\mathbf{v}\,\mathbf{0}].$$

Por lo que

$$A = [\mathbf{v}\,\mathbf{0}][\mathbf{v}\,\mathbf{w}]^{-1}.$$

Acabemos los cálculos. Es claro que $\mathbf{v} = [2,\ 1]^T$ es un vector director de la recta $2y = x$. Usando que un vector normal a la recta $ax + by + c = 0$ es $[a\ b]^T$, un vector normal a la recta es $\mathbf{w} = [-1,\ 2]^T$. Luego,

$$A = [\mathbf{v}\ \mathbf{0}][\mathbf{v}\ \mathbf{w}]^{-1} = \begin{bmatrix} 2 & 0 \\ 1 & 0 \end{bmatrix} \begin{bmatrix} 2 & -1 \\ 1 & 2 \end{bmatrix}^{-1} = \frac{1}{5} \begin{bmatrix} 4 & 2 \\ 2 & 1 \end{bmatrix}.$$

Como la proyección de $\mathbf{x}$ es $A\mathbf{x}$, entonces la proyección de $[x\ y]^T$ es

$$A\mathbf{x} = \frac{1}{5} \begin{bmatrix} 4 & 2 \\ 2 & 1 \end{bmatrix} \begin{bmatrix} x \\ y \end{bmatrix} = \begin{bmatrix} (4x+2y)/5 \\ (2x+y)/5 \end{bmatrix}.$$

Fin del ejemplo

Ejercicio 1.22 Calcula la reflexión de $[a,\ b,\ c]^T$ sobre el plano $x = y + z$. Observa que la reflexión deja invariantes a los puntos del plano y si $\mathbf{w}$ es un vector normal al plano, entonces la reflexión de $\mathbf{w}$ es $-\mathbf{w}$. Si $R\mathbf{x}$ es la reflexión del punto $\mathbf{x}$, prueba $R^2 = I$. ¿Qué interpretación geométrica tiene esta última igualdad?

La solución es

$$\text{La reflexión de } \begin{bmatrix} a \\ b \\ c \end{bmatrix} \text{ es } \frac{1}{3} \begin{bmatrix} a + 2b + 2c \\ 2a + b - 2c \\ 2a - 2b + c \end{bmatrix}.$$

Ejemplo 1.13 Considera el giro centrado en el origen y de ángulo θ. Halla el giro del vector $[x,\ y]^T$.

Existe una matriz G_θ tal que el giro de un vector cualquiera $\mathbf{x} \in \mathbb{R}^2$ es $G_\theta \mathbf{x}$. Como $\mathbf{x}, G_\theta \mathbf{x}$ son vectores de $\mathbb{R}^2$, es evidente que G_θ es una matriz 2×2.

Observa que hallar el giro de los vectores $\mathbf{i} = [1,\ 0]^T$ y $\mathbf{j} = [0,\ 1]^T$ es muy fácil (mira la figura). Se tiene

$$G\mathbf{i} = [\cos\theta, \operatorname{sen}\theta]^T, \quad G\mathbf{j} = [-\operatorname{sen}\theta, \cos\theta]^T.$$

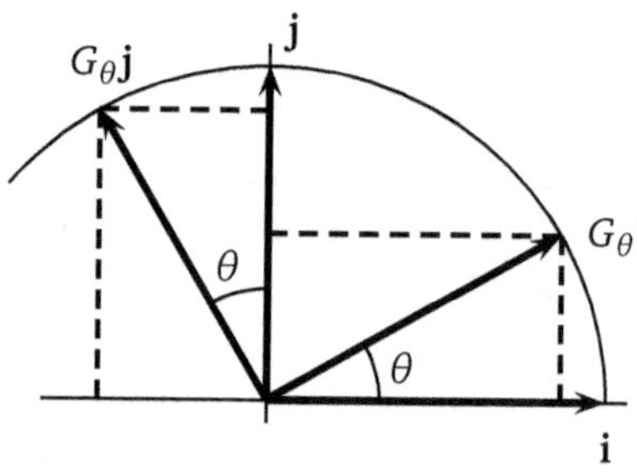

Por lo que

$$G_\theta[\mathbf{i},\ \mathbf{j}] = [G_\theta \mathbf{i},\ G_\theta \mathbf{j}] = \begin{bmatrix} \cos\theta & -\operatorname{sen}\theta \\ \operatorname{sen}\theta & \cos\theta \end{bmatrix}.$$

Observa que $[\mathbf{i},\ \mathbf{j}]$ es la matriz identidad. Luego,

$$G\theta\mathbf{x} = \begin{bmatrix} \cos\theta & -\operatorname{sen}\theta \\ \operatorname{sen}\theta & \cos\theta \end{bmatrix} \begin{bmatrix} x \\ y \end{bmatrix} = \begin{bmatrix} x\cos\theta - y\operatorname{sen}\theta \\ x\operatorname{sen}\theta + y\cos\theta \end{bmatrix}.$$

Fin del ejemplo

Ejercicio 1.23 ¿Qué significa $G_\alpha G_\beta$? Deduce las fórmulas

$$\cos(\alpha+\beta) = \cos\alpha\cos\beta - \operatorname{sen}\alpha\operatorname{sen}\beta, \qquad \operatorname{sen}(\alpha+\beta) = \operatorname{sen}\alpha\cos\beta + \cos\alpha\operatorname{sen}\beta.$$

Ejercicio 1.24 Sea $G_\theta\mathbf{x}$ el giro de eje z y de ángulo θ del vector $\mathbf{x} \in \mathbb{R}^3$ (observa que ahora G_θ es una matriz 3×3).

a) Halla $G_\theta[1,\ 0,\ 0]^T$, $G_\theta[0,\ 1,\ 0]$ y $G_\theta[0,\ 0,\ 1]^T$.

b) Halla G_θ.

c) Halla $G_\theta[x,\ y,\ z]^T$.

Catedral de Cuenca *Catedral de Cuenca*

Ejemplo 1.14 Un «shear» es una transformación como la de la figura anterior. Es usada en tipografía cuando se quiere «italizar» letras. Vamos a hallar esta transformación.

Sea S la matriz tal que el shear de $\mathbf{x} \in \mathbb{R}^2$ es $S\mathbf{x}$. Como $\mathbf{x}, S\mathbf{x} \in \mathbb{R}^2$, es claro que S es una matriz 2×2. Sean $\mathbf{i} = [1,\ 0]^T$ y $\mathbf{j} = [0,\ 1]^T$. Evidentemente, $S\mathbf{i} = \mathbf{i}$.

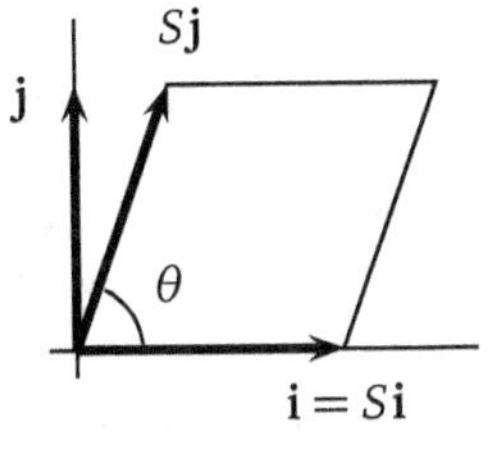

Ahora calcularemos $S\mathbf{j}$. La altura de $S\mathbf{j}$ coincide con la de $\mathbf{j}$, luego $S\mathbf{j} = [a,\ 1]^T$ para un cierto a. Por trigonometría, se tiene que $1/a = \tan\theta$, y por tanto, $a = 1/\tan\theta = \cot\theta$. Luego $S\mathbf{j} = [cot\theta,\ 1]^T$.

Por tanto,

$$S[\mathbf{i},\ \mathbf{j}] = [S\mathbf{i},\ S\mathbf{j}] = \begin{bmatrix} 1 & \cot\theta \\ 0 & 1 \end{bmatrix}.$$

Ahora, como $[\mathbf{i},\ \mathbf{j}]$ es la matriz identidad,

$$S = \begin{bmatrix} 1 & \cot\theta \\ 0 & 1 \end{bmatrix} \quad \Rightarrow \quad S\mathbf{x} = \begin{bmatrix} 1 & \cot\theta \\ 0 & 1 \end{bmatrix}\begin{bmatrix} x \\ y \end{bmatrix} = \begin{bmatrix} x + y\cot\theta \\ y \end{bmatrix}.$$

Fin del ejemplo

Veamos otro ejemplo muy usado en el diseño por ordenador.

Ejemplo 1.15 La proyección **isométrica** permite dibujar objetos 3D en el plano o en la pantalla del ordenador. Si $\mathbf{x} \in \mathbb{R}^3$, entonces $P\mathbf{x} \in \mathbb{R}^2$ es donde tenemos que dibujar $\mathbf{x}$ en el plano. Mira la figura siguiente: Vamos a calcular $P\mathbf{x}$ para $\mathbf{x} \in \mathbb{R}^3$ (observa que P es una matriz con dos filas y tres columnas).

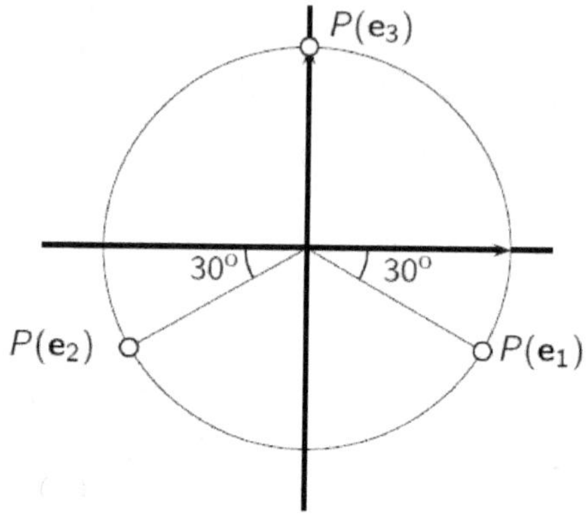

Evidentemente,

$$Pe_1 = \begin{bmatrix} \cos 30^\circ \\ -\operatorname{sen} 30^\circ \end{bmatrix}, \quad P\mathbf{e}_2 = \begin{bmatrix} -\cos 30^\circ \\ -\operatorname{sen} 30^\circ \end{bmatrix}, \quad P\mathbf{e}_3 = \begin{bmatrix} 0 \\ 1 \end{bmatrix}.$$

Luego

$$P[\mathbf{e}_1,\ \mathbf{e}_2,\ \mathbf{e}_3] = [\ P(\mathbf{e}_1)\quad P(\mathbf{e}_2)\quad P(\mathbf{e}_3)\ ] = \begin{bmatrix} \cos 30^\circ & -\cos 30^\circ & 0 \\ -\operatorname{sen} 30^\circ & -\operatorname{sen} 30^\circ & 1 \end{bmatrix}.$$

Como $[\mathbf{e}_1,\ \mathbf{e}_2,\ \mathbf{e}_3]$ es la matriz identidad,

$$P = \begin{bmatrix} \cos 30^\circ & -\cos 30^\circ & 0 \\ -\operatorname{sen} 30^\circ & -\operatorname{sen} 30^\circ & 1 \end{bmatrix}.$$

Luego si $\mathbf{x} = [x,\ y,\ z]^T$, entonces

$$P\mathbf{x} = \begin{bmatrix} \cos 30^\circ & -\cos 30^\circ & 0 \\ -\operatorname{sen} 30^\circ & -\operatorname{sen} 30^\circ & 1 \end{bmatrix} \begin{bmatrix} x \\ y \\ z \end{bmatrix} = \begin{bmatrix} \frac{\sqrt{3}}{2}(x-y) \\ -\frac{x+y}{2} + z \end{bmatrix}.$$

Fin del ejemplo

Ejercicio 1.25 Halla los vectores $\mathbf{x} \in \mathbb{R}^3$ tales que $P\mathbf{x} = \mathbf{0}$. Da una interpretación geométrica.

1.8 Ejercicios

1. Dadas las matrices

$$A=\begin{bmatrix} 2 & 0 \\ 2 & 2 \end{bmatrix}, \quad B=\begin{bmatrix} 4 & 3 \\ 4 & 6 \end{bmatrix}, \quad C=\begin{bmatrix} 2 & 4 \\ 6 & 0 \end{bmatrix}, \quad D=\begin{bmatrix} -2 & 9 \\ 6 & 6 \end{bmatrix},$$

   halle matricialmente las matrices X e Y tales que

$$\left\{ \begin{array}{rcrcl} X & + & AY^T & = & B \\ X^T & + & YC & = & D \end{array} \right.$$

2. Sea

$$A=\begin{bmatrix} 1 & 1 \\ 0 & 2 \end{bmatrix}.$$

   Calcule A^2, A^3 y A^4. Conjeture una fórmula para A^n.

3. Suponga que estamos estudiando las comunicaciones en un colectivo de usuarios. El siguiente grafo representa el sistema correspondiente:

   a) Determine la matriz de adyacencia A que representa al grafo G.

   b) Suponga que M es la llamada matriz de mantenimiento cuyas entradas son $m_{ij} = 1$ si la línea que va de i a j está bloqueada y $m_{ij} = 0$, si está en servicio. ¿De qué tamaño es M? Suponga que están bloqueadas las conexiones $u_2 \to u_1$ y $u_3 \to u_2$. Obtenga M. Escriba $A-M$. ¿Qué representa?

   c) Calcule A^2. ¿Qué representa esta matriz? Explique el valor de una cualquiera de sus entradas y compruébelo para tres valores distintos no situados en su diagonal. ¿Qué interpretación da ahora a $(A-M)^2$?

4. Calcule el siguiente determinante

$$\begin{vmatrix} 1 & 0 & 3 \\ 1 & 2 & 2 \\ 1 & 1 & 1 \end{vmatrix}.$$

5. Calcule la inversa de la matriz del ejercicio anterior por el método de Gauss-Jordan.

6. Intenta hallar la inversa de

$$\begin{bmatrix} 2 & 1 & -4 \\ -4 & -1 & 6 \\ -2 & 2 & 2 \end{bmatrix}$$

por el método de Gauss-Jordan.

7. Escriba el sistema $x+y-z=0, 2x+z=1$ de forma matricial $A\mathbf{x}=\mathbf{b}$, siendo $\mathbf{x}=[x,y,z]^T$ y A, $\mathbf{b}$ por determinar.

8. Sea la transformación dada por

$$\begin{aligned} x' &= 2x+y-z, \\ y' &= y-z, \\ z' &= x+z. \end{aligned}$$

a) Si $\mathbf{x}'=[x',y',z']^T$ y $\mathbf{x}=[x,y,z]^T$, halla una matriz A adecuada para que $\mathbf{x}'=A\mathbf{x}$.

b) ¿Cuál es el resultado de transformar dos veces seguidas $\mathbf{x}=[x,y,z]^T$ por medio de la transformación dada?

9. Si X es una matriz que cumple $X^2=I$, ¿es X invertible? En caso afirmativo, halla la inversa de X en función de X.

10. Sea X una matriz que cumple $X^2=X$. ¿Cuáles son los posibles valores de $\det(X)$.

11. Si X es una matriz invertible que cumple $X^2=X$, ¿cuánto vale X?

12. ¿Para qué valores de a la siguiente matriz es invertible?

$$\begin{bmatrix} 1 & 1 \\ 1 & a \end{bmatrix}.$$

Halla la inversa de esta matriz para los valores de a encontrados.

13. Despeja la matriz X de las siguientes igualdades matriciales (si debes asumir la invertibilidad de alguna matriz involucrada, indícalo).

a) $XA^{-1}=A^2$

b) $AX+BX=I$.

c) $AXA^{-1}=B$.

d) $ABX^{-1}A=B$.

14. Halle una matriz A no nula de tamaño 2×2 tal que $A^2=0$. Sugerencia: pruebe con la matriz

$$A=\begin{bmatrix} 0 & a \\ b & c \end{bmatrix}.$$

15. Sea

$$A=\begin{bmatrix} 2 & 1 \\ 6 & 3 \end{bmatrix}.$$

a) Halla una matriz X no nula de tamaño 2×2 tal que $AX = 0$. Sugerencia: comience hallando los vectores $\mathbf{x} \in \mathbb{R}^2$ tales que $A\mathbf{x} = \mathbf{0}$.

b) ¿Tiene alguna relación el hecho de que haya matrices no nulas X tales que $AX = 0$ con la no invertibiidad de A?

16. Sea $\mathbf{v} = [0, 1, 3]^T$

a) Calcula $\mathbf{v}^T\mathbf{v}$ y $\mathbf{v}^T\mathbf{v}$.

b) Halla la matriz

$$H_{\mathbf{v}} = I - \frac{2}{\mathbf{v}^T\mathbf{v}}\mathbf{v}\mathbf{v}^T.$$

¿Es invertible? Halla todos los vectores $\mathbf{x} \in \mathbb{R}^3$ tales que $H\mathbf{x} = \mathbf{0}$.

c) Halla todos los vectores $\mathbf{x} \in \mathbb{R}^3$ tales que $H_{\mathbf{v}}\mathbf{x} = \mathbf{x}$.

17. Sea ahora un $\mathbf{v} \in \mathbb{R}^n$ arbitrario y se define la matriz $H_{\mathbf{v}}$ como en el ejercicio anterior.

a) Simplifica $H_{\mathbf{v}}\mathbf{v}$.

b) Simplifica $H_{\mathbf{v}}^2$ y halla $H_{\mathbf{v}}^{-1}$ en función de $H_{\mathbf{v}}$.

c) Halla los posibles valores de $\det(H_{\mathbf{v}})$ (como mucho hay dos posibles valores).

18. Si Y es una matriz invertible, halle la inversa de la matriz

$$\begin{bmatrix} Y & 0 \\ B & Y \end{bmatrix}.$$

Aplique el resultado para calcular la inversa de la matriz

$$\begin{bmatrix} 1 & 0 & 0 & 0 \\ 1 & 1 & 0 & 0 \\ 0 & 0 & 1 & 0 \\ 0 & 0 & 1 & 1 \end{bmatrix}.$$

19. Una matriz cuadrada de orden n se dice que es **estocástica** si $a_{ij} \geq 0$ y la suma de todos los elementos de cada columna es 1. Pruebe que si A y B son estocásticas tambien lo es AB. Ayuda. Observe que la condición "la suma de todos los elementos de cada columna de una matriz X (de orden n) es 1" equivale a que $\mathbb{1}_n X = \mathbb{1}_n$, siendo $\mathbb{1}_n$ el vector fila de $\mathbb{R}^n$ todo formado por unos.

20. Se dice que una matriz es **nilpotente** si existe un $k \in \mathbb{N}$ tal que $A^k{=}0$.

a) Si $A^{k+1} = 0$ para $k \in \mathbb{N}$, demuestre que $I - A$ es invertible y su inversa es $I + A + \cdots + A^k$.

b) Pruebe que si A es nilpotente entonces no es invertible.

c) Sea A una matriz nilpotente y B otra matriz tales que $AB = BA$. Demuestre que AB es nilpotente.

21. Sea A una matriz invertible de la cual conocemos su inversa y $\varepsilon > 0$ un número positivo. Un problema que surge en algunos contextos es si perturbamos un poco la matriz A obteniendo $A+\varepsilon M$ y ya que conocemos A^{-1}, ¿hay alguna manera sencilla de calcular $(A+\varepsilon M)^{-1}$ sin pasar por el camino tedioso de usar el método de Gauss-Jordan para esta última matriz?

Suponga

$$(A+\varepsilon M)^{-1} = A^{-1} + \varepsilon X_1 + \varepsilon^2 X_2 + \cdots,$$

donde $X_1, X_2, \ldots$ son matrices por determinar. Si ε es un número muy pequeño, ε^2 es despreciable y de la igualdad anterior tenemos

$$(A+\varepsilon M)(A^{-1} + \varepsilon X_1) = I.$$

a) Iguale el término en ε y halle X_1 en función de A y M.

b) Sea

$$A = \begin{bmatrix} 1 & 1 \\ 1 & 0 \end{bmatrix}.$$

Calcule A^{-1} por el método de Gauss-Jordan.

c) Si $\varepsilon = 0.1$, aproxime

$$\begin{bmatrix} 1 & 1 \\ 1 & \varepsilon \end{bmatrix}^{-1}$$

por el método del primer apartado.

d) Compare con la solución exacta.

22. Una señal acústica se puede modelar (de forma extremadamente simplificada) como un vector $\mathbf{x} = [x_1, x_2, \ldots, x_n]^T$ de $\mathbb{R}^n$, en donde el subíndice denota la unidad temporal y $n > 1$.

Una señal $\mathbf{x}$ con muchos altibajos de sonido se puede «suavizar» por medio de la transformación

$$\mathbf{x} = [x_1, x_2, \ldots, x_n]^T \longrightarrow \left[x_1, \frac{x_1 + x_2}{2}, \ldots, \frac{x_{n-1} + x_n}{2}\right].$$

a) Encuentre una matriz $n \times n$, sea A, tal que $A\mathbf{x}$ es el transformado de $\mathbf{x}$.

b) Considere el vector $\mathbf{x} = [2, 0, 4, 0, 6]^T$ y calcule $A\mathbf{x}$. Dibuje los puntos (i, x_i) e (i, y_i) para $i = 1, 2, \ldots, 5$; en donde x_i e y_i denotan respectivamente la i-ésima coordenada de $\mathbf{x}$ y de $A\mathbf{x}$. ¿Por qué cree usted que la transformación T «suaviza» la señal $\mathbf{x}$?

c) Haga lo mismo que el apartado a) pero para la señal constante $(c, c, \ldots, c)^T$, siendo c un número real.

d) Pruebe que A es invertible. Dada una señal ya «suavizada» $\mathbf{y} \in \mathbb{R}^n$, ¿cuándo se puede encontrar otra señal $\mathbf{x}$ de modo que $A\mathbf{x} = \mathbf{y}$?

e) Halle $\mathbf{x} \in \mathbb{R}^3$ tal que $A\mathbf{x} = [1, 1/2, 1/2]^T$.

23. Dada una matriz A (no necesariamente invertible) con n filas y m columnas, se puede probar que existe una única matriz X con m filas y n columnas tal que

$$AXA = A, \quad XAX = X, \quad AX \text{ y } XA \text{ son simétricas.} \tag{1.3}$$

Esta matriz X se llama **pseudoinversa de Moore-Penrose** de A y se denota A^+. La pseudoinversa de Moore-Penrose tiene diversas aplicaciones, entre otras el estudio de las ecuaciones normales que surgen de las aproximaciones mínimo cuadráticas.

a) Pruebe que $AA^+ = (AA^+)^2$ y $A^+A = (A^+A)^2$.

b) Si A es invertible, ¿a qué matriz se reduce A^+?

c) Halle A^+ si $A = (1\ 1\ \cdots\ 1)$, en donde A tiene una fila y m columnas.

d) Si A se halla escrita por bloques

$$A = \begin{bmatrix} K & 0 \\ 0 & 0 \end{bmatrix}, \tag{1.4}$$

siendo K una matriz invertible, exprese A^+ usando K^{-1}. Sugerencia: Escriba

$$A^+ = \begin{bmatrix} P & Q \\ R & S \end{bmatrix},$$

siendo P, Q, R y S bloques por determinar que tienen los mismos tamaños que los que ocupan los correspondientes lugares que en (1.4) y use las ecuaciones (1.3).

e) Sea

$$A = \begin{bmatrix} 1 & 1 \\ 0 & 0 \end{bmatrix}.$$

Halle A^+, AA^+ y A^+A.

Nota. Si se fija en el apartado a), y piensa en los números reales x que coinciden con su cuadrado, entonces forzosamente $x = 0$ o bien $x = 1$. Observe asimismo que ninguna de las matrices AA^+ y A^+A calculadas en el apartado e) ni es la matriz nula ni la identidad.

24. Cinco personas se encuentran conectadas por whatsupp (sin formar un grupo). Siempre que una de ellas se entera de un rumor interesante, él o ella lo pasan por whatsupp a alguien más como se ve en la tabla adjunta:

Remitente	Destinatario
Antonio	Carlos, Damián
Eva	Damián, Belén
Damián	Carlos
Belén	Antonio, Damián
Carlos	Eva

a) Dibuja el grafo que modela esta «red de rumores» y encuentre su matriz de adyancencia A.

b) Defina un **paso** como el tiempo que toma a una persona mandar su mensaje por whatsupp a todas las personas de esta lista. Si Eva se entera de un rumor, ¿cuántos pasos le tomará enterar a todos los demás del rumor? ¿Qué cálculos matriciales revelan esto?

c) Repite lo mismo si Antonio se entera de un rumor?

d) En general, si A es la matriz de incidencia de un grafo, ¿cómo podemos decir si el vértice i está conectado al vértice j por una trayectoria (de alguna longitud)?

25. Sea A una matriz cuadrada que $A^2 = A$.

a) Si a y b son dos números, simplifica $(A+I)(aA+bI)$.

b) Usa el cálculo previo para expresar $(A+I)^{-1}$ en términos de A y de I.

26. Sean A y X dos matrices cuadradas de tamaño n siendo A invertible. Defínanse las matrices

$$B = \begin{bmatrix} A & A \end{bmatrix}, \qquad Y = \begin{bmatrix} X \\ X \end{bmatrix}.$$

Observe que B tiene n filas y $2n$ columnas, mientras que Y tiene $2n$ filas y n columnas.

(a) Considere los productos BY, YB, BYB, YBY. De éstos, diga cuáles tienen sentido y de los que tienen sentido, calcúlelos como matrices por bloques y expréselos en función de A y X.

(b) Halle X en función de A si $BYB = B$.

27. a) Halla matrices D y S tales que

$$D\begin{bmatrix} x_1 \\ \vdots \\ x_{n+1} \end{bmatrix} = \begin{bmatrix} x_2 - x_1 \\ \vdots \\ x_{n+1} - x_n \end{bmatrix}, \qquad S\begin{bmatrix} x_1 \\ \vdots \\ x_n \end{bmatrix} = x_1 + \cdots + x_n.$$

b) Multiplica SD y halla $SD\mathbf{x}$ para cualquier $\mathbf{x} = (x_1, x_2, \ldots, x_{n+1})^T \in \mathbb{R}^{n+1}$.

c) Usa el apartado anterior para $\mathbf{x} = (0, 1, 4, 9, \ldots, n^2)^T \in \mathbb{R}^{n+1}$ con el fin de probar $1 + 3 + \cdots + (2n-1) = n^2$.

d) Sean $r \neq 1$ y $\mathbf{x} = (1, r, \ldots, r^n)^T \in \mathbb{R}^{n+1}$. Comprueba que los vectores $D\mathbf{x}$ y $(1, r, \ldots, r^{n-1})^T$ son proporcionales hallando de manera explícita el factor de proporcionalidad. Usa el apartado b) para dar una fórmula explícita de $1 + r + \cdots + r^{n-1}$.

28. Sea la matriz A de tamaño $n \times n$. Se define la siguiente matriz por bloques:

$$B = \begin{bmatrix} I & I \\ 0 & A \end{bmatrix}.$$

a) Calcula B^2.

b) Obtén una expresión de B^n para $n \in \mathbb{N}$.

29. Sea r una recta en $\mathbb{R}^2$ que pasa por el origen y forma un ángulo θ con el eje horizontal. Observe que $\mathbf{v} = [\cos\theta, \operatorname{sen}\theta]^T$ es un vector director unitario de la recta r. Si $S\mathbf{x} \in \mathbb{R}^2$ es el simétrico de $\mathbf{x} \in \mathbb{R}^2$ respecto de r y S es un matriz 2×2, halle S y $S\mathbf{x}$ en función de θ y $\mathbf{x}$. Compruebe $S^2 = I$. ¿Qué significado geométrico tiene esta última igualdad?

30. Halle dos matrices T, S que modelen las dos transformaciones geométricas siguientes:

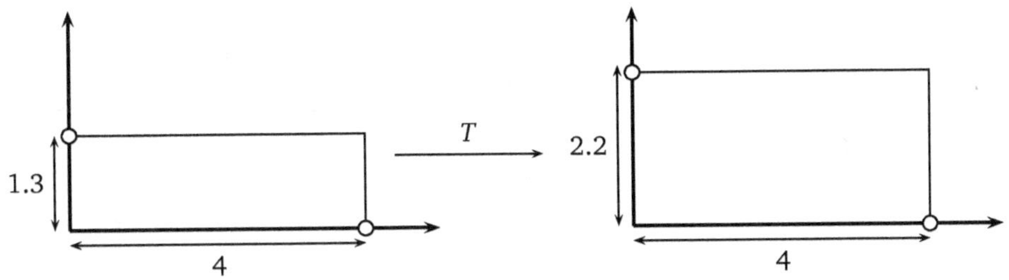

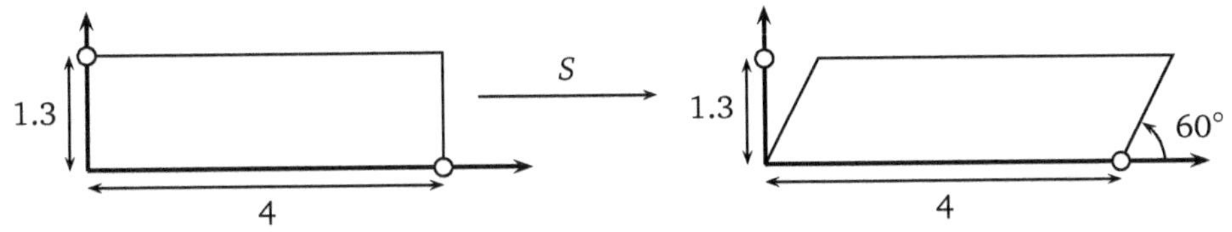

Capítulo 2
Sistemas de ecuaciones lineales

2.1 Sistemas de ecuaciones lineales

Definición 2.1. Sistema de ecuaciones lineales

Un sistema de ecuaciones lineales con n incógnitas y m ecuaciones es

$$\left\{\begin{array}{ccccccccc} a_{11}x_1 & + & a_{12}x_2 & + & \cdots & + & a_{1n}x_n & = & b_1 \\ a_{21}x_1 & + & a_{22}x_2 & + & \cdots & + & a_{2n}x_n & = & b_2 \\ \vdots & & \vdots & & \ddots & & \vdots & & \vdots \\ a_{m1}x_1 & + & a_{m2}x_2 & + & \cdots & + & a_{mn}x_n & = & b_m \end{array}\right.$$

El sistema se puede expresar utilizando matrices

$$\underbrace{\begin{bmatrix} a_{11} & a_{12} & \cdots & a_{1n} \\ a_{21} & a_{22} & \cdots & a_{2n} \\ \vdots & \vdots & \ddots & \vdots \\ a_{m1} & a_{m2} & \cdots & a_{mn} \end{bmatrix}}_{A} \underbrace{\begin{bmatrix} x_1 \\ x_2 \\ \vdots \\ x_n \end{bmatrix}}_{\mathbf{x}} = \underbrace{\begin{bmatrix} b_1 \\ b_2 \\ \vdots \\ b_m \end{bmatrix}}_{\mathbf{b}} \Rightarrow A\mathbf{x} = \mathbf{b}.$$

A es la matriz de los coeficientes, $\mathbf{b}$ es el término independiente y $\mathbf{x}$ es el vector incógnita.

Teorema 2.1. Clasificación de los sistemas de ecuaciones lineales

Los sistemas de ecuaciones lineales son (en función de sus soluciones)

- Si el sistema no tiene solución se llama **sistema incompatible**.
- Si el sistema tiene solución única se llama **sistema compatible determinado**.
- Si el sistema tiene infinitas soluciones se llama **sistema compatible indeterminado** .

La clasificación anterior es exhaustiva, es decir, el número de soluciones es 0, 1 o infinitas.

En realidad, lo único que hay que probar es que si el sistema tiene dos soluciones distintas, entonces tiene infinitas. Sean $\mathbf{x}_1, \mathbf{x}_2$ dos soluciones distintas (es decir, $A\mathbf{x}_1 = \mathbf{b}$ y $A\mathbf{x}_2 = \mathbf{b}$). Es fácil comprobar que $\mathbf{x}_1 + \lambda(\mathbf{x}_2 - \mathbf{x}_1)$ es otra solución (es decir, $A(\mathbf{x}_1 + \lambda(\mathbf{x}_2 - \mathbf{x}_1)) = \mathbf{b}$).

Ejercicio 2.1 Si $A\mathbf{x}_1 = \mathbf{b}$ y $A\mathbf{x}_2 = \mathbf{b}$, prueba que $A(\mathbf{x}_1 + \lambda(\mathbf{x}_2 - \mathbf{x}_1)) = \mathbf{b}$.

2.2 Modelo económico de Leontieff

Veamos un ejemplo. Imagina un sistema económico con tres sectores: Agricultura, industria y servicios. En la segunda tabla vienen recogidas las dependencias entre los tres sectores y las ventas a otros sistemas. La explicación de esta tabla viene justo después de ésta.

	Demanda Intermedia → Agric.	→ Ind.	→ Serv.	→ Demanda final	→ Producción bruta
Agric. →	600	400	1400	600	3000
Ind. →	1500	800	700	1000	4000
Serv. →	900	600	700	2600	4800

La explicación de la primera columna es la siguiente:

- 600 son las compras que las empresas del sector agricultura han efectuado a otras empresas del mismo sector (abonos, forrajes, ...).
- 1500 son las compras que las empresas del sector agricultura han efectuado al sector industrial (herramientas, fertilizantes, tractores, ...).
- 900 son las compras que las empresas del sector agricultura han efectuado al sector servicios (servicio de sanidad, asesoría legal, ...)

La segunda y tercera columna tienen interpretaciones análogas.

La interpretación de la cuarta columna son las compras que los consumidores (familias, instituciones, otros países, ...) efectúan a los sectores de producción para ser utilizados en consumo o en inversión. Esta columna se llama **demanda final**, ya que corresponde a bienes que satisfacen una necesidad de algún consumidor final

	Demanda Intermedia → Agric.	→ Ind.	→ Serv.	→ Demanda final	→ Producción bruta
Agric. →	600	400	1400	600	3000
Ind. →	1500	800	700	1000	4000
Serv. →	900	600	700	2600	4800

Compras que las empresas del sector agricultura hacen a otras empresas del mismo sector.

Compras que las empresas del sector industria hacen a otras empresas del sector agricultura.

Compras que las empresas del sector servicios hacen a otras empresas del sector agricultura.

Compras que los consumidores finales hacen a las empresas del sector agricultura

Las filas indican cómo se distribuye la producción de un determinado sector.

$600 + 400 + 1400 + 600 = 3000$.

Este modelo de Leontieff usa variables no negativas (precios, cantidades, salarios, producción, etc.). Este análisis utiliza la **tabla input-output**:

	→Sector 1	→Sector 2		→Sector n	→Demanda	TOTAL
Sector 1 →	x_{11}	x_{12}	...	x_{1n}	D_1	X_1
Sector 2 →	x_{21}	x_{22}	...	x_{2n}	D_2	X_2
...	...	...	...	...	...	...
Sector n →	x_{n1}	x_{n2}	...	x_{nn}	D_n	X_n

x_{ji}: compras que el sector i hace al sector j.

D_j: compras que los consumidores finales hacen al sector j.

X_j: la producción del sector j.

Y además se tiene

$$x_{j1}+x_{j2}+\cdots+x_{jn}+D_j=X_j, \qquad j=1,\ldots,n. \tag{2.1}$$

Sean $a_{ji}=x_{ji}/X_i$. La matriz $A=(a_{ij})$ se llama **tecnológica**. De (2.1),

$$a_{j1}X_1+a_{j2}X_2+\cdots+a_{jn}X_n+D_j=X_j, \qquad j=1,\ldots,n.$$

$$\begin{bmatrix} a_{11} & a_{12} & \cdots & a_{1n} \\ a_{21} & a_{22} & \cdots & a_{2n} \\ \vdots & \vdots & \ddots & \vdots \\ a_{n1} & a_{n2} & \cdots & a_{nn} \end{bmatrix}\begin{bmatrix} X_1 \\ X_2 \\ \vdots \\ X_n \end{bmatrix}+\begin{bmatrix} D_1 \\ D_2 \\ \vdots \\ D_n \end{bmatrix}=\begin{bmatrix} X_1 \\ X_2 \\ \vdots \\ X_n \end{bmatrix} \Rightarrow A\mathbf{x}+\mathbf{d}=\mathbf{x}.$$

¿Qué ocurre si cambia **d**? Si X_i es la producción del sector i, ¿cómo debe cambiar?

Ejemplo 2.1 Considera un sistema económico con solo dos sectores: agricultura e industria, cuya tabla input-output es el siguiente:

	→ Agr.	→ Ind.	→ D.	Total
Agr. →	3.5	7.5	59	70
Ind. →	10.5	3	16.5	30

1. Halla la matriz tecnológica.
2. Si hay un aumento en la demanda de 11 unidades, ¿cómo deben aumentar los sectores?

La matriz (x_{ij}) viene marcada en amarillo:

	→ Agr.	→ Ind.	→ D.	Total
Agr. →	3.5	7.5	59	70
Ind. →	10.5	3	16.5	30

Por la definición de la matriz tecnológica, $a_{ji}=x_{ji}/X_i$, tenemos que dividir la primera columna de la matriz amarilla por X_1 y la segunda columna de la matriz amarilla por X_2. Por tanto, la matriz tecnológica es

$$A=\begin{bmatrix} 3.5/70 & 7.5/30 \\ 10.5/70 & 3/30 \end{bmatrix}.$$

Supongamos que hay un incremento en la demanda de 11 en agricultura,

$$\mathbf{d} = \begin{bmatrix} 59 \\ 16.5 \end{bmatrix} + \begin{bmatrix} 11 \\ 0 \end{bmatrix} = \begin{bmatrix} 70 \\ 16.5 \end{bmatrix}.$$

Como $A\mathbf{x} + \mathbf{d} = \mathbf{x}$,

$$\frac{3.5}{70}X_1 + \frac{7.5}{30}X_2 + 70 = X_1, \qquad \frac{10.5}{70}X_1 + \frac{3}{30}X_2 = X_2.$$

Tras resolver este sistema, $X_1 = 82.12, X_2 = 31.98$.

- El sector agricultura debe aumentar 12.12 unidades.
- El sector industria debe aumentar 1.98 unidades.

Observa que ahora sabemos cómo debe aumentar la producción bruta; pero no cómo se han de distribuir los recursos. La nueva demanda y producción bruta son $(70, 16.5)$ y $(82.12, 31.98)$, respectivamente

$$A = \begin{bmatrix} 3.5/70 & 7.5/30 \\ 10.5/70 & 3/30 \end{bmatrix} \Rightarrow$$

	→ Agr.	→ Ind.	→ D.	**x**
Agr. →	x_{11}	x_{12}	70	82.12
Ind. →	x_{21}	x_{22}	16.5	31.98

A partir de $a_{ji} = x_{ji}/X_i$ obtenemos las nuevas x_{ij}.

$$x_{11} = a_{11}X_1 = \frac{3.5}{70}82.12 = 4.1, \quad x_{12} = a_{12}X_2 = \frac{7.5}{30}31.98 = 8.$$

$$x_{21} = a_{21}X_1 = \frac{10.5}{70}82.12 = 12.3, \quad x_{22} = a_{22}X_2 = \frac{3}{30}31.98 = 3.2.$$

Fin del ejemplo

2.3 Método de eliminación de Gauss

El **método de eliminación de Gauss** tiene dos fases diferenciadas:

1ª Triangularización.

2ª Resolución del sistema triangularizado.

2.3.1 Sustitución regresiva

¿Cómo resolvemos el sistema siguiente?

$$\begin{aligned} x + 2y - z &= 1 \\ y + 2z &= 2 \\ 3z &= 3 \end{aligned}$$

De «abajo» hacia «arriba».

$$z = 1 \qquad y + 2\cdot 1 = 2,\ y = 0 \qquad x + 2\cdot 0 - 1 = 1,\ x = 2.$$

Ejemplo 2.2 Resolver

$$\begin{aligned} x+2y+z-t &= 1\\ y+2z+t &= 2\\ 3z-t &= 3 \end{aligned}$$

Podemos tomar $t \in \mathbb{R}$ como parámetro e ir despejando igual que antes

$$z = \frac{3+t}{3} = 1+\frac{t}{3} \qquad y+2\left(1+\frac{t}{3}\right)+t=2,\ y=-\frac{5t}{3} \qquad x-2\frac{5t}{3}+1+\frac{t}{3}-t=1, x=4t.$$

Fin del ejemplo

2.3.2 Triangularización

Esta fase transforma un sistema en otro sistema triangular superior equivalente mediante las llamadas **operaciones elementales**:

- Cambiar la fila i-ésima por la fila i-ésima más λ veces la fila j-ésima.
- Intercambiar dos ecuaciones cualesquiera.

Ejemplo 2.3 Resolvamos el sistema

$$\begin{array}{rcrcrcr} x & + & 2y & - & z & = & 2\\ x & + & 3y & + & 5z & = & -4\\ 2x & + & y & + & 2z & = & 0 \end{array}$$

Primero construimos la **matriz ampliada**:

$$\left[\begin{array}{rrr|r} 1 & 2 & -1 & 2\\ 1 & 3 & 5 & -4\\ 2 & 1 & 2 & 0 \end{array}\right]$$

Luego **triangularizamos** (hacer ceros por debajo de la diagonal principal) la matriz ampliada mediante operaciones elementales:

$$\left[\begin{array}{rrr|r} 1 & 2 & -1 & 2\\ 1 & 3 & 5 & -4\\ 2 & 1 & 2 & 0 \end{array}\right] \to \left[\begin{array}{rrr|r} 1 & 2 & -1 & 2\\ 0 & 1 & 6 & -6\\ 0 & -3 & 4 & -4 \end{array}\right] \to \left[\begin{array}{rrr|r} 1 & 2 & -1 & 2\\ 0 & 1 & 6 & -6\\ 0 & 0 & 22 & -22 \end{array}\right]$$

Fila 2 $\to$ Fila 2 $+(-1)\cdot$ Fila 1,

Fila 3 $\to$ Fila 3 $+(-2)\cdot$ Fila 1,

Fila 3 $\to$ Fila 3 $+3\cdot$ Fila 2.

Por último, resolvemos el sistema triangularizado (de abajo hacia arriba)

$$\left[\begin{array}{rrr|r} 1 & 2 & -1 & 2\\ 0 & 1 & 6 & -6\\ 0 & 0 & 22 & -22 \end{array}\right]$$

$$22z=-22,\ z=-1, \qquad y+6(-1)=-6,\ y=0, \qquad x+2\cdot 0-(-1)=2, \qquad x=1.$$

Fin del ejemplo

¿Cómo triangularizamos? Queremos «convertir» d en un cero

$$\left.\begin{array}{ccccc} ax & + & by & = & c \\ dx & + & ey & = & f \end{array}\right\} \quad \Rightarrow \quad \left[\begin{array}{cc|c} a & b & c \\ d & e & f \end{array}\right].$$

$$\text{Fila } 2 \to \text{Fila } 2+\lambda\cdot\text{Fila } 1 \ \Rightarrow\ 0=d+\lambda a \ \Rightarrow\ \lambda=-\frac{d}{a}.$$

Ejercicio 2.2 ¿Qué ocurre si $a=0$?

Ejemplo 2.4 Resolver

$$\begin{array}{ccccccccc} x & + & y & + & z & + & t & = & 4 \\ x & + & y & + & 2z & + & 2t & = & 6 \\ 2x & + & y & + & 3z & & & = & 6 \\ x & + & y & - & z & + & 2t & = & 3 \end{array}$$

Primero construimos la matriz ampliada del sistema

$$\left[\begin{array}{cccc|c} 1 & 1 & 1 & 1 & 4 \\ 1 & 1 & 2 & 2 & 6 \\ 2 & 1 & 3 & 0 & 6 \\ 1 & 1 & -1 & 2 & 3 \end{array}\right]$$

y a continuación se va escalonando la matriz.

$$\left[\begin{array}{cccc|c} 1 & 1 & 1 & 1 & 4 \\ 1 & 1 & 2 & 2 & 6 \\ 2 & 1 & 3 & 0 & 6 \\ 1 & 1 & -1 & 2 & 3 \end{array}\right] \xrightarrow[\substack{F_3-2F_1\to F_3\\ F_4-F_1\to F_4}]{F_2-F_1\to F_2} \left[\begin{array}{cccc|c} 1 & 1 & 1 & 1 & 4 \\ 0 & 0 & 1 & 1 & 2 \\ 0 & -1 & 1 & -2 & -2 \\ 0 & 0 & -2 & 1 & -1 \end{array}\right] \xrightarrow{F_2\leftrightarrow F_3}$$

$$\left[\begin{array}{cccc|c} 1 & 1 & 1 & 1 & 4 \\ 0 & -1 & 1 & -2 & -2 \\ 0 & 0 & 1 & 1 & 2 \\ 0 & 0 & -2 & 1 & -1 \end{array}\right] \xrightarrow{F_4+2F_3\to F_4} \left[\begin{array}{cccc|c} 1 & 1 & 1 & 1 & 4 \\ 0 & -1 & 1 & -2 & -2 \\ 0 & 0 & 1 & 1 & 2 \\ 0 & 0 & 0 & 3 & 3 \end{array}\right]$$

Por sustitución inversa se halla que la solución es $x=y=z=t=1$.

Fin del ejemplo

Ejemplo 2.5 Resolver

$$\begin{array}{rcrcrcrcrcr} x_1 & + & 2x_2 & + & x_3 & + & 3x_4 & + & 3x_5 & = & 5 \\ 2x_1 & + & 4x_2 & & & + & 4x_4 & + & 4x_5 & = & 6 \\ x_1 & + & 2x_2 & + & 3x_3 & + & 5x_4 & + & 5x_5 & = & 9 \\ 2x_1 & + & 4x_2 & & & + & 4x_4 & + & 7x_5 & = & 9 \end{array}$$

$$\left[\begin{array}{ccccc|c} 1 & 2 & 1 & 3 & 3 & 5 \\ 2 & 4 & 0 & 4 & 4 & 6 \\ 1 & 2 & 3 & 5 & 5 & 9 \\ 2 & 4 & 0 & 4 & 7 & 9 \end{array}\right] \xrightarrow[\substack{F_3-F_1\to F_3 \\ F_4-2F_1\to F_4}]{F_2-2F_1\to F_2} \left[\begin{array}{ccccc|c} 1 & 2 & 1 & 3 & 3 & 5 \\ 0 & 0 & -2 & -2 & -2 & -4 \\ 0 & 0 & 2 & 2 & 2 & 4 \\ 0 & 0 & -2 & -2 & 1 & -1 \end{array}\right]$$

$$\xrightarrow[F_4-F_2\to F_4]{F_3+F_2\to F_3} \left[\begin{array}{ccccc|c} 1 & 2 & 1 & 3 & 3 & 5 \\ 0 & 0 & -2 & -2 & -2 & -4 \\ 0 & 0 & 0 & 0 & 0 & 0 \\ 0 & 0 & 0 & 0 & 3 & 3 \end{array}\right] \xrightarrow{F_3\leftrightarrow F_4} \left[\begin{array}{ccccc|c} 1 & 2 & 1 & 3 & 3 & 5 \\ 0 & 0 & -2 & -2 & -2 & -4 \\ 0 & 0 & 0 & 0 & 3 & 3 \\ 0 & 0 & 0 & 0 & 0 & 0 \end{array}\right]$$

El sistema asociado a la matriz ampliada

$$\left[\begin{array}{ccccc|c} 1 & 2 & 1 & 3 & 3 & 5 \\ 0 & 0 & -2 & -2 & -2 & -4 \\ 0 & 0 & 0 & 0 & 3 & 3 \\ 0 & 0 & 0 & 0 & 0 & 0 \end{array}\right]$$

es

$$\left.\begin{array}{rcrcrcrcrcr} x_1 & + & 2x_2 & + & x_3 & + & 3x_4 & + & 3x_5 & = & 5 \\ & & & - & 2x_3 & - & 2x_4 & - & 2x_5 & = & -4 \\ & & & & & & & & 3x_5 & = & 3 \end{array}\right\}$$

En un sistema con infinitas soluciones: algunas incógnitas se ponen en función de otras. Se pueden hacer distintas elecciones.

$$x_5 = 1, \qquad x_3 = \frac{-4+2x_4+2x_5}{-2} = 1-x_4,$$

$$x_1 = 5-2x_2-x_3-3x_4-3x_5 = 5-2x_2-(1-x_4)-3x_4-3 = 1-2x_2-2x_4$$

Fin del ejemplo

Ejemplo 2.6 Resolver el sistema en función de $a \in \mathbb{R}$

$$\begin{array}{rcrcrcr} x & + & y & + & az & = & 1 \\ x & + & ay & + & z & = & 1 \\ ax & + & y & + & z & = & 1 \end{array}$$

Primero triangularizamos el sistema:

$$\left[\begin{array}{ccc|c} 1 & 1 & a & 1 \\ 1 & a & 1 & 1 \\ a & 1 & 1 & 1 \end{array}\right] \to \left[\begin{array}{ccc|c} 1 & 1 & a & 1 \\ 0 & a-1 & 1-a & 0 \\ 0 & 1-a & 1-a^2 & 1-a \end{array}\right] \to \left[\begin{array}{ccc|c} 1 & 1 & a & 1 \\ 0 & a-1 & 1-a & 0 \\ 0 & 0 & 2-a-a^2 & 1-a \end{array}\right].$$

Ahora escribimos el sistema en su forma más simple:

$$\begin{array}{rcrcrcl} x & + & y & + & az & = & 1 \\ & & (a-1)y & + & (1-a)z & = & 0 \\ & & & & (2-a-a^2)z & = & 1-a \end{array}$$

Como tenemos que resolver este sistema de «abajo» hacia «arriba», nos fijamos en la tercera ecuación. Pero cuidado, si queremos despejar z, tenemos que dividir por $2-a-a^2$; pero recuerda que no podemos dividir por 0. Por lo tanto, tenemos que distinguir dos casos: cuando el coeficiente de z es 0 ó no es 0.

Caso 1: $2-a-a^2=0$. Resolviendo la ecuación de segundo grado, $a=1$ o bien $a=-2$. Esto abre una nueva disyuntiva

Caso 1.1: $a=1$. La única ecuación no trivial es $x+y+z=1$. En este caso, el sistema tiene infinitas soluciones: $x=1-y-z$, $y,z \in \mathbb{R}$.

Caso 1.2: $a=-2$. Las ecuaciones son $x+y-2z=1$, $-3y+3z=-3$, $0=-3$. El sistema no tiene solución.

Caso 2: $2-a-a^2 \neq 0$. $a \neq 1$ y $a \neq -2$. Por sustitución regresiva,

$$z = \frac{1-a}{(2-a-a^2)} = -\frac{1-a}{(a-1)(a+2)} = \frac{1}{a+2}.$$

De la segunda, $y = z = 1/(a+2)$.

De la primera, $x = 1-y-az = \cdots = 1/(a+2)$.

Fin del ejemplo

Ejercicio 2.3 Resuelve

$$\begin{array}{rcl} x+y+z+t & = & 4 \\ 2y-z-t & = & 0 \\ 3z+t & = & 6 \end{array}$$

Ejercicio 2.4 Resuelve

$$\begin{array}{rcl} x+y+z & = & 4 \\ x-y+z & = & 2 \\ 2x+y+az & = & 7 \end{array}$$

para los distintos valores de a.

2.4 Factorización LU

Si una matriz A se puede transformar mediante operaciones elementales del tipo

Fila $i \to$ Fila $i + \lambda_{ij}$Fila j

en una matriz superior U, entonces A se puede factorizar como $A = LU$, donde L cumple lo siguiente:

- L es cuadrada y es el del tamaño apropiado para que L y U se puedan multiplicar.
- L es triangular inferior.
- L tiene unos en la diagonal principal.
- La entrada (i,j) de L es $-\lambda_{ij}$.

Ejemplo 2.7 Obtener la factorización LU de

$$A=\begin{bmatrix} 1 & 2 & 1 & 4 \\ 1 & 3 & 3 & 5 \\ 0 & 3 & 3 & 6 \end{bmatrix}.$$

$$A=\begin{bmatrix} 1 & 2 & 1 & 4 \\ 1 & 3 & 3 & 5 \\ 0 & 3 & 3 & 6 \end{bmatrix} \to \begin{bmatrix} 1 & 2 & 1 & 4 \\ 0 & 1 & 2 & 1 \\ 0 & 3 & 3 & 6 \end{bmatrix} \to \begin{bmatrix} 1 & 2 & 1 & 4 \\ 0 & 1 & 2 & 1 \\ 0 & 0 & -3 & 3 \end{bmatrix} = U.$$

Las operaciones elementales son

Fila 2 $\to$ Fila 2 + (-1) · Fila 1. Fila 3 $\to$ Fila 3 + (-3) · Fila 2.

Si L es cuadrada y L y U se puedan multiplicar, L tiene que ser 3×3:

$$L=\begin{bmatrix} * & * & * \\ * & * & * \\ * & * & * \end{bmatrix}.$$

Como L es triangular inferior y tiene 1_s en la diagonal principal,

$$L=\begin{bmatrix} 1 & 0 & 0 \\ * & 1 & 0 \\ * & * & 1 \end{bmatrix}.$$

Como la entrada (i,j) de L es $-\lambda_{ij}$ (habiendo hecho «Fila i $\to$ Fila $i + \lambda_{ij}$ Fila j), entonces

$$L=\begin{bmatrix} 1 & 0 & 0 \\ 1 & 1 & 0 \\ 0 & 3 & 1 \end{bmatrix}.$$

Observa que como no hemos hecho la operación «Fila 3 $\to$ Fila $3 + \lambda_{ij}$ Fila 1), entonces la entrada $(3,1)$ es 0. O de otra manera, el multiplicador λ_{31} es 0.

Fin del ejemplo

Observa que el coste computacional de hallar L es **NULO**.

Nunca calcules L por medio de $L = AU^{-1}$. Por dos motivos: la matriz U puede no ser invertible (por ejemplo, en el ejemplo anterior, U no es invertible por no ser cuadrada) y si aún fuera invertible, el coste computacional de calcular AU^{-1} es elevado.

Si ya sabemos la factorización LU de la matriz A, entonces el sistema $A\mathbf{x} = \mathbf{b}$ se puede resolver más fácilmente: Como $LU\mathbf{x} = \mathbf{b}$, si llamamos $\mathbf{y} = U\mathbf{x}$, entonces $L\mathbf{y} = \mathbf{b}$. Entonces tenemos los sistemas $L\mathbf{y} = \mathbf{b}$ y $U\mathbf{x} = \mathbf{y}$.

Aparentemente, hemos complicado la situación: antes tenemos un único sistema de ecuaciones y ahora tenemos dos. Pero estos dos son sistemas ya **triangularizados**, por lo que su resolución es más fácil. Observa además que primero hemos de resolver $L\mathbf{y} = \mathbf{b}$ pues hay solo un vector incógnita y luego $U\mathbf{x} = \mathbf{y}$.

Ejemplo 2.8 Sea

$$A = \begin{bmatrix} 1 & 2 \\ 3 & a \end{bmatrix}.$$

a) Obtén la factorización LU de A.

b) Usa esta factorización para ver cuándo A es invertible.

c) Para los valores de a tales que A no es invertible, ¿qué tiene que cumplir $\mathbf{b}$ para que el sistema $A\mathbf{x} = \mathbf{b}$ sea compatible? Halla en este caso la solución.

a) Se tiene

$$A = \begin{bmatrix} 1 & 2 \\ 3 & a \end{bmatrix} \rightarrow \begin{bmatrix} 1 & 2 \\ 0 & a-6 \end{bmatrix} = U \qquad \text{Fila 2} \rightarrow \text{Fila 2} - 3 \cdot \text{Fila 1}.$$

$$L = \begin{bmatrix} 1 & 0 \\ 3 & 1 \end{bmatrix}.$$

b) Ya que $A = LU$, entonces $\det(A) = \det(LU) = \det(L)\det(U) = \det(U) = a - 6$. Como A es invertible si y solo $\det(A) \neq 0$, entonces A es invertible si y solo si $a \neq 6$.

c) Primero resolvemos $L\mathbf{y} = \mathbf{b}$:

$$\begin{bmatrix} 1 & 0 \\ 3 & 1 \end{bmatrix} \begin{bmatrix} y_1 \\ y_2 \end{bmatrix} = \begin{bmatrix} b_1 \\ b_2 \end{bmatrix} \Rightarrow y_1 = b_1,\ y_2 = b_2 - 3b_1.$$

Ahora planteamos $U\mathbf{x} = \mathbf{y}$ (en este apartado debemos tomar $a = 6$ por el enunciado)

$$\begin{bmatrix} 1 & 2 \\ 0 & 0 \end{bmatrix} \begin{bmatrix} x_1 \\ x_2 \end{bmatrix} = \begin{bmatrix} b_1 \\ b_2 - 3b_1 \end{bmatrix}.$$

Para que el sistema sea compatible, forzosamente hemos de tener $b_2 - 3b_1 = 0$. Y la solución debe cumplir $x_1 + 2x_2 = b_1$.

Fin del ejemplo

2.4.1 ¿Para qué sirve la factorización LU?

Imaginemos que tenemos que resolver varios sistemas de la forma $A\mathbf{x}_1 = \mathbf{b}_1, \ldots, A\mathbf{x}_k = \mathbf{b}_k$.

1º Primero resolvemos $A\mathbf{x}_1 = \mathbf{b}_1$ usando el método de Gauss.

2º Hallamos la factorización LU de A, es decir U, L tales que $A = LU$.

3º El sistema $A\mathbf{x}_2 = \mathbf{b}_2$ es equivalente a $LU\mathbf{x}_2 = \mathbf{b}_2$. Si llamamos $U\mathbf{x}_2 = \mathbf{y}_2$, entonces $L\mathbf{y}_2 = \mathbf{b}_2$. Tenemos que resolver dos sistemas **triangularizados**: $L\mathbf{y}_2 = \mathbf{b}_2$ y a continuación $U\mathbf{x}_2 = \mathbf{y}_2$.

4º Repetir el paso anterior para el resto de los sistemas.

Ejemplo 2.9 Resolvamos los sistemas

$$\begin{bmatrix} 1 & 2 & 1 \\ 1 & 3 & 3 \\ 0 & 3 & 3 \end{bmatrix} \begin{bmatrix} x \\ y \\ z \end{bmatrix} = \begin{bmatrix} 4 \\ 5 \\ 6 \end{bmatrix}, \quad \begin{bmatrix} 1 & 2 & 1 \\ 1 & 3 & 3 \\ 0 & 3 & 3 \end{bmatrix} \begin{bmatrix} x \\ y \\ z \end{bmatrix} = \begin{bmatrix} 1 \\ 0 \\ -3 \end{bmatrix}.$$

Usamos el método de Gauss para resolver el primer sistema:

$$\left[\begin{array}{ccc|c} 1 & 2 & 1 & 4 \\ 1 & 3 & 3 & 5 \\ 0 & 3 & 3 & 6 \end{array}\right] \to \left[\begin{array}{ccc|c} 1 & 2 & 1 & 4 \\ 0 & 1 & 2 & 1 \\ 0 & 3 & 3 & 6 \end{array}\right] \to \left[\begin{array}{ccc|c} 1 & 2 & 1 & 4 \\ 0 & 1 & 2 & 1 \\ 0 & 0 & -3 & 3 \end{array}\right] \Rightarrow z = -1, \quad y = 3, \quad x = -1.$$

Usamos la factorización LU para resolver el segundo.

$$A = \begin{bmatrix} 1 & 2 & 1 \\ 1 & 3 & 3 \\ 0 & 3 & 3 \end{bmatrix}, \quad U = \begin{bmatrix} 1 & 2 & 1 \\ 0 & 1 & 2 \\ 0 & 0 & -3 \end{bmatrix}, \quad L = \begin{bmatrix} 1 & 0 & 0 \\ 1 & 1 & 0 \\ 0 & 3 & 1 \end{bmatrix}.$$

$$\underbrace{\begin{bmatrix} 1 & 2 & 1 \\ 1 & 3 & 3 \\ 0 & 3 & 3 \end{bmatrix}}_{A} \underbrace{\begin{bmatrix} x \\ y \\ z \end{bmatrix}}_{\mathbf{x}} = \underbrace{\begin{bmatrix} 1 \\ 0 \\ -3 \end{bmatrix}}_{\mathbf{b}} \quad \Rightarrow \quad LU\mathbf{x} = \mathbf{b} \quad \Rightarrow \quad \left\{ \begin{array}{l} U\mathbf{x} = \mathbf{y}, \\ L\mathbf{y} = \mathbf{b}. \end{array} \right.$$

$$L\mathbf{y} = \mathbf{b} \Rightarrow \begin{bmatrix} 1 & 0 & 0 \\ 1 & 1 & 0 \\ 0 & 3 & 1 \end{bmatrix} \begin{bmatrix} y_1 \\ y_2 \\ y_3 \end{bmatrix} = \begin{bmatrix} 1 \\ 0 \\ -3 \end{bmatrix} \Rightarrow \mathbf{y} = \begin{bmatrix} 1 \\ -1 \\ 0 \end{bmatrix},$$

$$U\mathbf{x} = \mathbf{y} \Rightarrow \begin{bmatrix} 1 & 2 & 1 \\ 0 & 1 & 2 \\ 0 & 0 & -3 \end{bmatrix} \begin{bmatrix} x \\ y \\ z \end{bmatrix} = \begin{bmatrix} 1 \\ -1 \\ 0 \end{bmatrix} \Rightarrow \mathbf{x} = \begin{bmatrix} 3 \\ -1 \\ 0 \end{bmatrix}.$$

Fin del ejemplo

Si se permutan filas, no existe la factorización LU. Veamos un ejemplo: Si

$$A = \begin{bmatrix} 0 & 1 \\ 1 & 1 \end{bmatrix},$$

entonces es imposible que exista una matriz inferior L y una superior U tales que $A = LU$. Pues si existieran, entonces existen escalares $x, y, z, t \in \mathbb{R}$ tales que

$$\begin{bmatrix} 0 & 1 \\ 1 & 1 \end{bmatrix} = \begin{bmatrix} 1 & 0 \\ x & 1 \end{bmatrix} \begin{bmatrix} y & z \\ 0 & t \end{bmatrix}.$$

Se obtiene

$$0 = y, \qquad 1 = z, \qquad 1 = xy, \qquad 1 = x + t.$$

La primera y tercera ecuación son incongruentes.

2.5 Algunos ejercicios resueltos

Ejemplo 2.10 Hallar todos los polinomios $p(x)$ de grado menor o igual que 3 tales que $p'(x) = 0$.

Si $p(x) = a + bx + cx^2 + dx^3$, entonces $p' = 0$ implica $b + 2cx + 3dx^2 = 0$. Igualando grados se obtiene $b = 2c = 3d = 0$. Esto es un sistema de 3 ecuaciones y cuatro incógnitas (observa que a es una incógnita). La solución de este sistema es $b = c = d = 0$, $a \in \mathbb{R}$. Y la solución del ejercicio es $p(x) = a$, $a \in \mathbb{R}$.

Fin del ejemplo

Ejercicio 2.5 Repite el ejemplo anterior si $p'(x) = x - 1$.

Ejemplo 2.11 La ecuación diferencial $y'' - 2xy' + 2\lambda y = 0$ se llama **ecuación diferencial de Hermite** y aparece en muchos partes de la física. Para encontrar soluciones polinómicas no nulas, elegimos un grado, pongamos $n = 2$.

a) Halla los valores de $\lambda \in \mathbb{R}$ tales que existe un polinomio no nulo de grado 2 tal que $p'' - 2xp' + 2\lambda p = 0$.

b) Para los valores de λ encontrados, halla estos polinomios.

Si $p(x) = a + bx + cx^2$, entonces de $p'' - 2xp' + 2\lambda p = 0$ obtenemos

$$2c - 2x(b + 2cx) + 2\lambda(a + bx + cx^2) = 0.$$

Tras igualar grados tenemos que

$$\begin{bmatrix} 2\lambda & 0 & 2 \\ 0 & 2\lambda - 2 & 0 \\ 0 & 0 & 2\lambda - 4 \end{bmatrix} \begin{bmatrix} a \\ b \\ c \end{bmatrix} = \begin{bmatrix} 0 \\ 0 \\ 0 \end{bmatrix}, \qquad A\mathbf{x} = \mathbf{0}.$$

Supongamos que exista un polinomio no nulo p tal que $A\mathbf{x} = \mathbf{0}$. Si $p(x)$ no es nulo, entonces $\mathbf{x} \neq \mathbf{0}$. Luego la matriz A no puede ser invertible, y por tanto su determinante es 0. es decir,

$\lambda = 0$, ó $\lambda = 1$, ó $\lambda = 2$. Vamos a hallar las soluciones para $\lambda = 2$. El sistema anterior es

$$\begin{bmatrix} 4 & 0 & 2 \\ 0 & 2 & 0 \\ 0 & 0 & 0 \end{bmatrix} \begin{bmatrix} a \\ b \\ c \end{bmatrix} = \begin{bmatrix} 0 \\ 0 \\ 0 \end{bmatrix}.$$

La solución de este sistema es $b = 0$, $c = -2a$. Luego la solución para $\lambda = 2$ es $p(x) = a + bx + cx^2 = a - 2ax^2$, siendo $a \in \mathbb{R}$ arbitrario.

Fin del ejemplo

Ejercicio 2.6 Completa el ejemplo anterior, es decir, halla las soluciones para $\lambda = 0$ y $\lambda = 1$.

Ejercicio 2.7 Halla los polinomios p de grado menor o igual que 3 que cumplen $p(0) = p(1) = p(2) = 0$.

Ejemplo 2.12 Se sospecha que una integral indefinida de $e^{ax}\cos(bx)$ es una función de la forma

$$\alpha e^{ax}\cos(bx) + \beta e^{ax}\operatorname{sen}(bx).$$

Vamos a comprobar si la sospecha es cierta, y en caso de que lo sea, vamos a hallar los coeficientes α, β. Para ello seguimos los siguientes pasos:

a) A partir de la igualdad $e^{ax}\cos(bx) = (\alpha e^{ax}\cos(bx) + \beta e^{ax}\operatorname{sen}(bx))'$ obtenga un sistema de dos ecuaciones cuyas incógnitas son α y β. Llama A a la matriz del sistema

b) Calcula AA^T y halla A^{-1}.

c) Calcula $\int e^{ax}\cos(bx)\,dx$.

a) De la igualdad se tiene

$$e^{ax}\cos(bx) = \alpha[ae^{ax}\cos(bx) - be^{ax}\operatorname{sen}(bx)] + \beta[ae^{ax}\operatorname{sen}(bx) + b\cos(bx)].$$

Si igualamos términos tenemos el sistema

$$\begin{bmatrix} 1 \\ 0 \end{bmatrix} = \begin{bmatrix} a & b \\ -b & a \end{bmatrix} \begin{bmatrix} \alpha \\ \beta \end{bmatrix}$$

b) Se tiene

$$AA^T = \begin{bmatrix} a & b \\ -b & a \end{bmatrix} \begin{bmatrix} a & -b \\ b & a \end{bmatrix} = \begin{bmatrix} a^2+b^2 & 0 \\ 0 & a^2+b^2 \end{bmatrix} = (a^2+b^2)I.$$

De donde se deduce que

$$A^{-1} = \frac{1}{a^2+b^2}A^T = \frac{1}{a^2+b^2}\begin{bmatrix} a & -b \\ b & a \end{bmatrix}.$$

c) El sistema se puede resolver por el método de Gauss. Pero como sabemos la inversa de la matriz, tenemos[1].

$$\begin{bmatrix} \alpha \\ \beta \end{bmatrix} = \begin{bmatrix} a & b \\ -b & a \end{bmatrix}^{-1} \begin{bmatrix} 1 \\ 0 \end{bmatrix} = \frac{1}{a^2+b^2} \begin{bmatrix} a & -b \\ b & a \end{bmatrix} \begin{bmatrix} 1 \\ 0 \end{bmatrix} = \frac{1}{a^2+b^2} \begin{bmatrix} a \\ b \end{bmatrix}.$$

Por tanto una primitiva de $e^{ax}\cos(bx)$ es

$$\frac{1}{a^2+b^2}\left(a\cos(bx) + b\,\mathrm{sen}(bx)\right).$$

Si la sospecha hubiera sido errónea, el sistema lineal de ecuaciones planteado no tendría solución.

Fin del ejemplo

2.6 Ejercicios

1. Resuelva los siguientes sistemas

a) $\left\{ \begin{array}{rcrcrcr} 4x & + & 3y & - & 3z & = & 10 \\ -x & + & 8y & + & z & = & -3 \\ 2x & - & 5y & + & z & = & 0 \end{array} \right.$,

b) $\left\{ \begin{array}{rcrcr} 4x & + & y & = & -13 \\ 5x & + & 8y & = & -14 \\ x & + & y & = & -1 \end{array} \right.$,

c) $\left\{ \begin{array}{rcrcrcr} 3x & - & 5y & + & 8z & = & 0 \\ 2x & + & 4y & - & 3z & = & 0 \end{array} \right.$.

2. Imagina el siguiente sistema económico: En un futuro muy lejano, los hombres han colonizado el planeta Solaria[2], en donde hay minas de plomo y una factoría de robots. Cada año, las minas de plomo necesitan 100 Kg. de plomo y 20 robots. La factoría de robots necesita 500 Kg. de plomo y 10 robots. Por último, se exige que el planeta exporte 20 000 Kg. de plomo y 200 robots. La tabla de input-output de este modelo es

	Demanda Interna		Demanda externa	Producción bruta
	Plomo	Robots		
Plomo	100	500	20 000	20 600
Robots	20	10	200	230

a) Halla la matriz tecnológica del sistema.

b) Sea $\mathbf{d}$ el vector de demanda externa y $\mathbf{x}$ la producción bruta. Compruebe que $A\mathbf{x}+\mathbf{d} = \mathbf{x}$.

[1] El uso de la inversa para resolver un sistema es en la inmensa mayoría de las ocasiones inapropiado, pero si conocemos previamente la inversa, es una forma aceptable.

[2] Claramente, este nombre es un pequeño homenaje al escritor Isaac Asimov.

c) Si se requiere que se exporten 400 robots y 15 000 Kg. de plomo, ¿cuál debe ser la producción bruta? ¿Cómo se debe distribuir la producción bruta **x**?

3. Considera la siguiente matriz tecnológica de una economía dividida en dos sectores

$$A = \begin{bmatrix} 0.2 & 0.5 \\ 0.4 & 0.8 \end{bmatrix}.$$

Si la demanda externa es $\mathbf{d} = [1,\ 3]^T$, ¿cuál debe ser la producción bruta **x**? ¿Es aceptable esta solución?

4. Considera un sistema económico con solo dos sectores: agricultura e industria, cuya tabla input-output es el siguiente:

	Agr.	Ind.	Demanda	Producción
Agr.	3.5	7.5	59	70
Ind.	10.5	3	16.5	30

a) Halla la matriz tecnológica.

b) Si hay un aumento en la demanda de 11 unidades en la agricultura, ¿cómo deben aumentar los sectores?

5. Si A es una matriz tecnológica, prueba que $a_{ii} \leq 1$ para todo i.

6. Sea A la matriz tecnológica de una economía. Supongamos que para satisfacer la demanda **d**, la economía necesita producir de acuerdo con el vector **x**. Si al i-ésimo sector se le demanda λ unidades más, entonces prueba que el vector de producción bruta debe ser $\mathbf{x}+\lambda\mathbf{f}_i$, siendo $\mathbf{f}_i$ la i-ésima columna de $(I-A)^{-1}$, siempre que $I-A$ sea invertible. Deduce que si las componentes de $I-A$ son positivas, entonces la producción bruta no puede decrecer.

Una propiedad que deben cumplir las matrices tecnológicas A admisibles es que todas las entradas de $(I-A)^{-1}$ sean positivas.

7. Considera la matriz tecnológica del ejercicio 3. ¿Cumple que las entradas de $(I-A)^{-1}$ son positivas?

8. Si las componentes de $(I-A)^{-1}$ son positivas, prueba que si **d** es un vector de demandas positivo, entonces las componentes del vector de producción bruta son positivas.

9. Supongamos que cada uno de los n sectores de una economía produce un único producto. Recordemos que x_{ij} es la cantidad de productos que el sector j compra al sector i y que X_j es la producción del sector j. Si p_i es el precio del producto i, el coste total de producir X_j unidades del producto j es $p_1x_{1j}+p_2x_{2j}+\cdots+p_nx_{nj}$. Observe que p_jX_j son los beneficios obtenidos por el sector j.

a) Si ningún sector genera beneficios, entonces

$$p_jX_j = p_1x_{1j}+p_2x_{2j}+\cdots+p_nx_{nj}$$

para todo j. Escriba esta condición de forma matricial en términos de la matriz tecnológica del sistema A y del vector de precios $\mathbf{p} = [p_1, p_2, \cdots, p_n]^T$. Pruebe que si $I-A$ es invertible, entonces $\mathbf{p} = \mathbf{0}$. ¿Por qué esta situación carece de interés?

b) Por tanto, para que la producción del sector j sea beneficiosa, se debe tener

$$p_jX_j > p_1x_{1j} + p_2x_{2j} + \cdots + p_nx_{nj},$$

por tanto, existe r_j tal que

$$p_j = (1+r_j)\big(p_1a_{1j} + p_2a_{2j} + \cdots + p_na_{nj}\big),$$

donde r_j puede interpretarse como la tasa de ganancia del producto j. Vamos a suponer que estas tasas de ganancias, r_j, son iguales para todos los productos (esta suposición se cumple usualmente). De este modo podemos sustituir $r = r_j$ para todo j. Prueba

$$\mathbf{p} = (1+r)A^T\mathbf{p}.$$

c) Prueba que para que haya un vector de precios $\mathbf{p} \neq 0$ tal que $\mathbf{p} = (1+r)A^T\mathbf{p}$, la matriz $(1+r)A-I$ no tiene que ser invertible.

d) Si r es tal que $(1+r)A-I$ no tiene es invertible, pruebe que si $\mathbf{p}$ cumple $\mathbf{p} = (1+r)A^T\mathbf{p}$, entonces $\alpha\mathbf{p}$ también cumple el mismo sistema. ¿Qué interpetación económica tiene este hecho?

e) Halla los valores de r tales que $(1+r)A-I$ no es invertible para la matriz tecnológica del ejercicio 2 y halla los vectores de precios admisibles. Para hacer este apartado necesitas un programa de cálculo numérico.

10. La matriz estructural de una economía es

$$A = \begin{bmatrix} A_1 & 0 \\ 0 & A_2 \end{bmatrix},$$

siendo A_1 y A_2 matrices cuadradas.

a) Interpreta la economía de este sistema.

b) Si $\mathbf{x}_1$ y $\mathbf{x}_2$ son soluciones respectivamente de $(I-A_1)\mathbf{x}_1 = \mathbf{d}_1$ y $(I-A_2)\mathbf{x}_2 = \mathbf{d}_2$, ¿cómo podemos calcular la solución de $(I-A)\mathbf{x} = \mathbf{d}$.

11. Estudie, según los valores del parámetro a, el conjunto de soluciones de los siguientes sistemas

$$\begin{aligned} 2x + y + az &= 4 \\ x + z &= 2 \\ x + y + z &= 1 \end{aligned} \qquad \begin{aligned} x + y + z &= a \\ x + (a+1)y + z &= 2a \\ x + y + (a+1)z &= 0 \end{aligned}$$

12. Considere el sistema

$$\begin{aligned} x + y + z &= 0 \\ 2x - y + az &= 0 \\ ax + 2z &= b \end{aligned}$$

a) Estudie y resuelva este sistema en función de a y b.

b) Escriba este sistema de forma matricial como $A\mathbf{x} = \mathbf{b}$.

c) Halle la factorización LU de la matriz A.

d) Use esta factorización para calcular $\det(A)$.

e) Use la factorización LU para discutir y resolver (de nuevo) el sistema planteado.

13. El objetivo de este problema es encontrar todos los polinomios $p(x)$ de grado menor o igual que 2 que cumplen $p(x-1) = p(x)$. Para esto considere la igualdad $a+b(x-1)+c(x-1)^2 = a + bx + cx^2$.

    Tras igualar los coeficientes del mismo grado en la igualdad anterior, obtenga un sistema de tres ecuaciones (una para cada grado) y tres incógnitas (a, b, c) y resuélvalo.

14. Halle todos los polinomios p de grado menor o igual que 2 tales que $(x^2+1)p''+(x+4)p'+p = x^2+1$.

15. Considera la red de cañerías de la figura. Al lado de cada flecha se representa el caudal (que puede ser negativo).

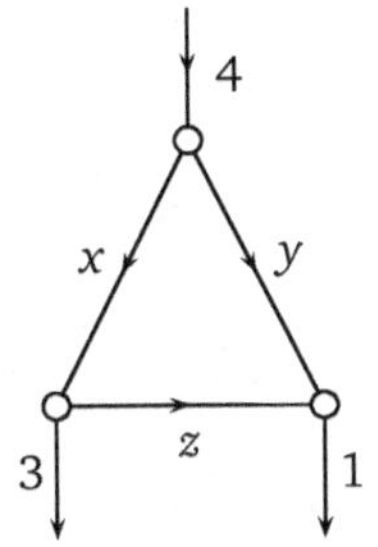

Teniendo en cuenta que en cada nodo el agua que entra debe salir, se tiene que

$$\begin{bmatrix} 1 & 1 & 0 \\ 1 & 0 & -1 \\ 0 & 1 & 1 \end{bmatrix} \begin{bmatrix} x \\ y \\ z \end{bmatrix} = \begin{bmatrix} 4 \\ 3 \\ 1 \end{bmatrix}, \qquad A\mathbf{x} = \mathbf{b}.$$

a) Resuelve este sistema por el método de eliminación de Gauss indicando todas las operaciones elementales realizadas.

b) Halla la factorización LU de A.

c) Para un flujo más general, en el sistema anterior se substituye el «4» por a, el «3» por b y el «1» por c. Caracteriza (en función de a, b y c y usando la factorización LU encontrada en el apartado previo) cuándo este nuevo sistema es compatible. En el caso de que sea compatible, halla la solución.

d) Interpreta en términos de flujos de aguas la condición de compatibilidad del sistema.

16. Se sospecha que una primitiva de x^2e^x es una función de la forma $\alpha e^x + \beta x e^x + \gamma x^2 e^x$. A partir de la igualdad $x^2e^x = (\alpha e^x + \beta x e^x + \gamma x^2 e^x)'$ obtenga un sistema de tres ecuaciones con tres incógnitas. Prueba que es compatible y halla su solución. Observe que está calculando $\int x^2 e^x \mathrm{d}x$.

17. En este problema se van a encontrar los polinomios $p(x)$ de grado menor o igual que 2 que cumplen

$$\frac{\mathrm{d}}{\mathrm{d}x}\left((1-x^2)\frac{\mathrm{d}p}{\mathrm{d}x}\right) + \alpha p = 0$$

para un $\alpha \in \mathbb{R}$ dado.

a) Si $p(x) = a + bx + cx^2$, sustituya p en la ecuación diferencial y obtenga un sistema $A\mathbf{x} = \mathbf{0}$, donde $\mathbf{x} = [a, b, c]^T$.

b) ¿Para qué valores de $\alpha \in \mathbb{R}$ la matriz A no es invertible?

c) Para los valores de α encontrados en el apartado anterior, pruebe que existen polinomios no nulos que cumplen la ecuación de Legendre. Halle estos polinomios.

18. Halle los valores de σ tales que la ecuación diferencial $xy'' + \sigma xy' - y = 0$ tenga soluciones no nulas que sean polinomios de grado menor o igual que 2. Halle estas soluciones.

19. Un cierto mecanismo se modeliza mediante el siguiente problema de contorno

$$-u''(x) + 25u(x) = f_k(x), \ x \in]0,1[, \qquad u(0) = u(1) = 0,$$

donde la excitación $f_k(x)$ es producida por un dispositivo que puede estar colocado en diferentes lugares del dominio $]0,1[$.

Considere los puntos equiespaciados $x_0 = 0$, $x_1 = 1/4$, $x_2 = 1/2$, $x_3 = 3/4$ y $x_4 = 1$ y el valor $h = 0.25$ que representa la distancia entre dos puntos consecutivos. Use además que

$$u(x_0) = 0, \ u(x_4) = 0, \qquad u''(x_i) \simeq \frac{u(x_{i-1}) + u(x_{i+1}) - 2u(x_i)}{h^2}, \ \ i = 1, 2, 3.$$

a) Obtenga una matriz cuadrada A de orden 3 tal que

$$A \begin{pmatrix} u(x_1) \\ u(x_2) \\ u(x_3) \end{pmatrix} = \mathbf{b}_k,$$

donde $\mathbf{b}_k$ es un vector columna de orden 3 que depende de la excitación f_k.

b) Obtenga la factorización LU de la matriz A usando fracciones y escribiendo todas las operaciones elementales necesarias.

c) Considere en este apartado las dos excitaciones

$$f_1(x) = \begin{cases} 100 & 0.1 \leq x \leq 0.3, \\ 0 & \text{fuera de }]0.1, 0.3[. \end{cases} \qquad f_2(x) = \begin{cases} 100 & 0.7 \leq x \leq 0.9, \\ 0 & \text{fuera de }]0.7, 0.9[. \end{cases}$$

Resuelva los sistemas $A\mathbf{x} = \mathbf{b}_1$ y $A\mathbf{x} = \mathbf{b}_2$ usando la factorización LU.

20. En este problema se estudia la temperatura de una barra metálica conocidas las temperaturas de sus extremos. Para ello se divide la barra en $n + 1$ trozos de la misma longitud obteniendo n nodos internos, sean T_0 y T_f las temperaturas en los extremos y $T_1, T_2, \ldots, T_n$ las temperaturas en los nodos internos (en la parte izquierda de la figura se ha dibujado la barra partida en 4 trozos, es decir, $n = 3$).

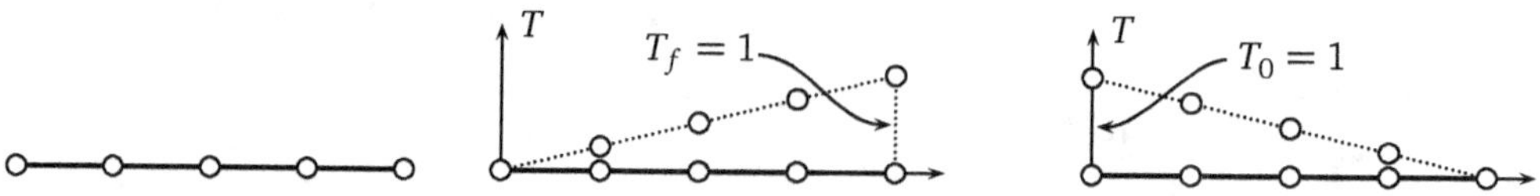

Aunque los resultados que vienen se pueden hacer para n arbitrario, con el fin de no complicar mucho el ejercicio, tome $n = 3$. Físicamente es intuitivo que la temperatura en un punto es la media aritmética de los puntos que lo rodean. A partir de ahora suponga que se verifica

$$T_0 + T_2 = 2T_1, \qquad T_1 + T_3 = 2T_2, \qquad T_2 + T_f = 2T_3. \tag{2.2}$$

a) Halle una matriz 3×3, llámela A, tal que $A(T_1\ T_2\ T_3)^T = (T_0/2\ 0\ T_f/2)^T$. Suponga que la entrada $(2,2)$ de A es 1 (esto se hace para escalar adecuadamente la segunda ecuación de (2.2)). Pruebe que A es invertible.

b) Halle una matriz B tal que $(T_0\ 0\ T_f)^T = B(T_0\ T_f)^T$ (observe que B tiene dos columnas: $\mathbf{b}_1$ y $\mathbf{b}_2$).

Observe, que de los dos apartados anteriores se tiene $(T_1\ T_2\ T_3)^T = \frac{1}{2}A^{-1}B(T_0\ T_f)^T$.

c) Halle $A^{-1}B$ usando el siguiente mecanismo: sean $\mathbf{x}_1$ y $\mathbf{x}_2$ las dos columnas de $A^{-1}B$. Pruebe que $A\mathbf{x}_1 = \mathbf{b}_1$ y $A\mathbf{x}_2 = \mathbf{b}_2$. Halle la descomposición LU de A y úsela para resolver estos dos sistemas (se puede razonar, sobre todo para valores altos de n, que este mecanismo es más eficiente que calcular A^{-1} y luego $A^{-1}B$).

21. Se pretende calcular el potencial eléctrico de 5 cuentas metálicas ensartadas en un hilo. Se postula que el potencial de una carga interna es la media aritmética del potencial de las dos cargas adyacentes. Sean V_1, V_2, V_3 los potenciales de las tres cargas internas.

    (a) Si el potencial de la primera carga es 0 y el de la última es 8, plantee el sistema lineal que permite hallar V_1, V_2, V_3. Resuelva este sistema por el método de Gauss y halle la factorización LU (si existe) de la matriz del sistema.

    (b) Si ahora el potencial de la primera carga es 7 y el de la última es 3, ¿qué relación tiene el sistema que ha planteado en el apartado a) y el que debe plantear para resolver la nueva situación? Suponiendo que la matriz del sistema del apartado anterior tuviera LU, ¿cómose puede aprovechar esta factorización para resolver esta nueva situación?

22. En 1963, J. Ferguson en la compañía aeronaútica Boeing, aplicó el álgebra matricial al diseño de fuselaje de aviones. Suponga que se quiere dibujar una curva de la cual se conocen los extremos y la dirección en los extremos. Para ello se ha de buscar una curva (llamada **spline cúbico**)

$$\mathbf{r}(t) = \mathbf{a} + \mathbf{b}t + \mathbf{c}t^2 + \mathbf{d}t^3, \qquad 0 \le t \le 1, \tag{2.3}$$

en donde $\mathbf{a}, \mathbf{b}, \mathbf{c}$ y $\mathbf{d}$ son vectores columna de $\mathbb{R}^3$ desconocidos y se conocen $\mathbf{r}(0)$, $\mathbf{r}'(0)$, $\mathbf{r}(1)$ y $\mathbf{r}'(1)$. Obviamente de (2.3) se deduce

$$\mathbf{r}(0) = \mathbf{a}, \qquad \mathbf{r}'(0) = \mathbf{b}, \qquad \mathbf{r}(1) = \mathbf{a} + \mathbf{b} + \mathbf{c} + \mathbf{d}, \qquad \mathbf{r}'(1) = \mathbf{b} + 2\mathbf{c} + 3\mathbf{d}. \tag{2.4}$$

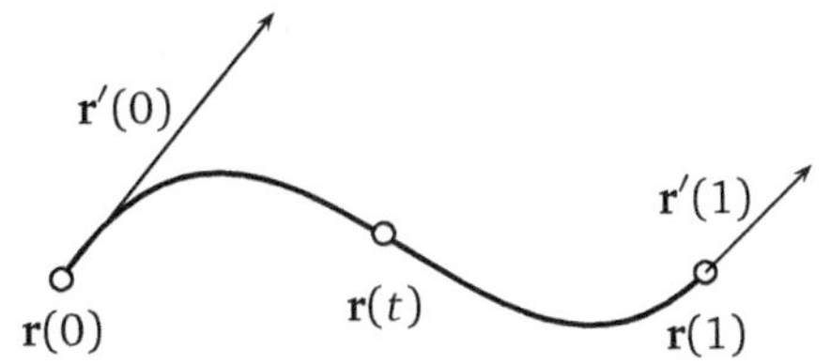

Sea X la matriz cuyas columnas son $\mathbf{a}, \mathbf{b}, \mathbf{c}, \mathbf{d}$ y sea R la matriz cuyas columnas son $\mathbf{r}(0)$, $\mathbf{r}'(0)$, $\mathbf{r}(1)$ y $\mathbf{r}'(1)$. Observe que según el planteamiento, X es desconocida y R conocida.

a) ¿Cuáles son los tamaños de X y R?

b) Escriba (2.4) de forma matricial, es decir, encuentre una matriz cuadrada M (de orden 4) tal que $XM = R$. Observe que M es de la forma $\begin{bmatrix} I & A \\ 0 & B \end{bmatrix}$, donde cada uno de los bloques es 2×2 y B es invertible.

c) Exprese M^{-1} por bloques en función de A y B^{-1} usando la partición del apartado b). Halle B^{-1} usando el método de Jordan–Gauss y halle M^{-1}. Use estos cálculos para hallar la matriz X del apartado b).

d) Escriba $\mathbf{a}, \mathbf{b}, \mathbf{c}, \mathbf{d}$ en función de $\mathbf{r}(0)$, $\mathbf{r}'(0)$, $\mathbf{r}(1)$ y $\mathbf{r}'(1)$.

e) Tome $\mathbf{r}(0) = (0,0)^T$, $\mathbf{r}'(0) = (1,0)^T$, $\mathbf{r}(1) = (0,1)^T$ y $\mathbf{r}'(1) = (1,0)^T$. Dibuje los puntos $\mathbf{r}(0)$ y $\mathbf{r}(1)$. Dibuje el vector $\mathbf{r}'(0)$ de modo que su origen esté situado en $\mathbf{r}(0)$ y haga lo mismo con $\mathbf{r}(1)$ y $\mathbf{r}'(1)$. Sólo con estos datos, haga un esbozo de la curva $\mathbf{r}(t)$. Calcule $\mathbf{r}(1/2)$ y sitúelo en el esbozo.

23. Halle una matriz X de orden 2×2 tal que

$$\begin{bmatrix} 1 & 2 \\ 3 & 4 \end{bmatrix} X - X \begin{bmatrix} 0 & -2 \\ 1 & 5 \end{bmatrix} = \begin{bmatrix} -1 & 6 \\ -13 & -8 \end{bmatrix}.$$

24. Halle todos los polinomios $p(x) = a + bx + cx^2$ tales que $p(0) = y_0$, $p(1) = y_1$, $p(2) = y_2$ para $y_0, y_1, y_2 \in \mathbb{R}$ dados.

Capítulo 3

Diagonalización de matrices

3.1 Valores y vectores propios

Definición 3.1. Valores y vectores propios

Sea A una matriz cuadrada.

- $\lambda \in \mathbb{C}$ es un **valor propio** si existe $\mathbf{v} \in \mathbb{C}^n$ ($\mathbf{v} \neq \mathbf{0}$) tal que $A\mathbf{v} = \lambda\mathbf{v}$.
- $\mathbf{v} \in \mathbb{C}^n$ es un **vector propio** de A asociado al valor propio λ si $A\mathbf{v} = \lambda\mathbf{v}$.

Puedes en la página `https://www.geogebra.org/m/HwSPj7eM` un «applet» de geogebra para experimentar con los vectores $A\mathbf{v}$ y $\mathbf{v}$. No vemos ejemplos pues el siguiente teorema proporciona un procedimiento para hallar valores y vectores propios

Teorema 3.1. Cálculo de valores y vectores propios

Sea A una matriz cuadrada, entonces λ es valor propio si y solo si $\det(A-\lambda I) = 0$. Además, si $\mathbf{v}$ es vector propio asociado a λ si y solo si $(A-\lambda I)\mathbf{v} = \mathbf{0}$.

La demostración es simple: Si λ es un valor propio, existe un vector no nulo $\mathbf{v}$ tal que $A\mathbf{v} = \lambda\mathbf{v}$; pero esta igualdad es equivalente a $(A-\lambda I)\mathbf{v} = \mathbf{0}$, luego el sistema de ecuaciones $(A-\lambda I)\mathbf{x} = \mathbf{0}$ tiene al menos dos soluciones distintas: $\mathbf{v}$ y $\mathbf{0}$, luego tiene infinitas soluciones, y así $\det(A-\lambda I) = 0$. El recíproco también es cierto ya que la no invertibilidad de $A-\lambda I$ provoca que el sistema $(A-\lambda I)\mathbf{x} = \mathbf{0}$ tenga infinitas soluciones.

Este teorema proporciona un método para calcular valores y vectores propios.

Cálculo de valores propios y vectores propios

1° Se obtienen los valores propios, $\det(A-\lambda I) = 0$.

2° Para cada valor propio, se obtienen los vectores propios, $(A-\lambda I)\mathbf{v} = \mathbf{0}$.

Ejemplo 3.1 Hallar los valores y vectores propios de $A = \begin{bmatrix} 1 & 2 \\ 2 & 1 \end{bmatrix}$.

1° Primero se calculan los valores propios:

$$0 = \det(A-\lambda I) = \begin{bmatrix} 1-\lambda & 2 \\ 2 & 1-\lambda \end{bmatrix} = (1-\lambda)^2 - 4.$$

Observa que los «λ» están solo en la diagonal principal (pues multiplica a I). Podemos desarrollar $(1-\lambda)^2$; pero hay una forma de continuar algo más rápida: pasar $(1-\lambda)^2$ al otro lado.

$$(1-\lambda)^2-4 \quad \Rightarrow \quad (1-\lambda)^2=4 \quad \Rightarrow 1-\lambda=\pm 2 \quad \Rightarrow \quad \lambda=-1,3.$$

No se te debe olvidar que una raíz cuadrada tiene dos valores distintos.

2° Hallamos los vectores propios para $\lambda=3$.

$$\underbrace{\begin{bmatrix} -2 & 2 \\ 2 & -2 \end{bmatrix}}_{A-3I}\begin{bmatrix} x \\ y \end{bmatrix}=\begin{bmatrix} 0 \\ 0 \end{bmatrix} \quad \Rightarrow \quad x=y \quad \Rightarrow \quad \begin{bmatrix} x \\ y \end{bmatrix}=\begin{bmatrix} x \\ x \end{bmatrix}=x\begin{bmatrix} 1 \\ 1 \end{bmatrix}.$$

Ahora hay que hallar los vectores propios para $\lambda=-1$.

Ejercicio 3.1 Calcula los vectores propios para $\lambda = -1$. La solución son los múltiplos de $[1\ -1]^T$.

Fin del ejemplo

Observa que si λ es un valor propio asociado una matriz A, entonces el sistema $(A-\lambda I)\mathbf{x}=\mathbf{0}$ **siempre** tiene infinitas soluciones (puesto que $\det(A-\lambda I)=0$).

El determinante $\det(A-\lambda I)$ del ejemplo anterior es un polinomio de grado 2, el orden de la matriz. Esto no es casualidad.

Teorema 3.2. Polinomio característico

Si A es una matriz $n\times n$, entonces $\det(A-\lambda I)$ es un polinomio de grado n. Se llama **polinomio característico**.

Ejercicio 3.2 Halla los valores y vectores propios de

$$A=\begin{bmatrix} 1 & 2 & 3 \\ 0 & 1 & 1 \\ 0 & 0 & 2 \end{bmatrix}.$$

Ejercicio 3.3 ¿Cuáles son los valores propios de una matriz triangular de orden $n\times n$?

Ejercicio 3.4 Calcula los valores y vectores propios de la siguiente matriz.

$$A=\begin{bmatrix} 1 & 1 & 1 \\ 1 & 1 & 1 \\ 1 & 1 & 1 \end{bmatrix}.$$

Una matriz real puede tener valores y vectores propios complejos. Recuerda que las raíces complejas de un polinomio real vienen por pares, es decir, si $\lambda = a + jb$ es una raíz compleja, entonces $\overline{\lambda} = a - jb$ también es raíz. En el caso de valores propios complejos es útil tener en cuenta el siguiente teorema:

Teorema 3.3. Valores propios complejos de una matriz real

Dada una matriz real,

a) Sus valores propios complejos están «emparejados».

b) Si $\mathbf{v}$ es un vector propio asociado a λ, entonces $\overline{\mathbf{v}}$ es un vector propio asociado a $\overline{\lambda}$.

Ejemplo 3.2 Calcular los valores propios de

$$A = \begin{bmatrix} 0 & -1 \\ 1 & 0 \end{bmatrix}.$$

Como

$$0 = \det(A - \lambda I) = \det \begin{bmatrix} -\lambda & -1 \\ 1 & -\lambda \end{bmatrix} = \lambda^2 + 1 \quad \Rightarrow \quad \lambda = \pm j,$$

es evidente que aparecen valores y vectores propios complejos. Ahora calculamos los vectores propios asociados a $\lambda = j$:

$$\begin{bmatrix} -j & -1 \\ 1 & -j \end{bmatrix} \begin{bmatrix} x \\ y \end{bmatrix} = \begin{bmatrix} 0 \\ 0 \end{bmatrix}.$$

Este sistema tiene infinitas soluciones (si multiplicamos la segunda fila por $-j$, obtenemos la primera). De la segunda ecuación $x = jy$. Luego los vectores propios asociados a $\lambda = j$ son

$$\begin{bmatrix} x \\ y \end{bmatrix} = \begin{bmatrix} jy \\ y \end{bmatrix} = y \begin{bmatrix} j \\ 1 \end{bmatrix},$$

es decir, múltiplos (¡complejos!) de $[j\ 1]^T$.

Ahora, por el teorema anterior, los vectores propios asociados a $\lambda = -j$ son múltplos complejos de $[-j\ 1]^T$.

Fin del ejemplo

Ejemplo 3.3 Sea A una matriz cuadrada y λ un valor propio de A. Prueba que λ^2 es un valor propio de A^2.

Vamos a ver dos maneras distintas de hacer este ejemplo:

a) Sabemos que existe un vector $\mathbf{v}$ no nulo tal que $A\mathbf{v} = \lambda\mathbf{v}$ y tenemos que demostrar que existe un vector $\mathbf{w}$ tal que $A^2\mathbf{w} = \lambda^2\mathbf{w}$ (este vector $\mathbf{w}$ puede o no puede ser igual a $\mathbf{w}$). Vamos a probar para $\mathbf{w} = \mathbf{v}$; que es la conjetura más simple (si esto falla, no tenemos más remedio que probar con conjeturas más complejas).

$$A^2\mathbf{v} = A(A\mathbf{v}) = A\lambda\mathbf{v} = \lambda(A\mathbf{v}) = \lambda(\lambda\mathbf{v}) = \lambda^2\mathbf{v}.$$

b) Tenemos que demostrar que $\det(A^2 - \lambda^2 I) = 0$. Hay pocas fórmulas que ayuden a simplificar un determinante, una de estas es usar $\det(XY) = \det(X)\det(Y)$, y si intentamos usar ésta, hay que factorizar $A^2 - \lambda^2 I$. Lo primero que se nos puede venir a la cabeza es que $A^2 - \lambda^2 I$ es una «diferencia de cuadrados», ¿se puede aplicar la fórmula $x^2 - y^2 = (x+y)(x-y)$ para matrices? Si X e Y son matrices, entonces

$$(X+Y)(X-Y) = X^2 - XY + YX - Y^2,$$

por lo que si $XY = YX$, entonces sí es cierto que $(X+Y)(X-Y) = X^2 - Y^2$. En nuestro ejercicio, como A e I conmutan, entonces $A^2 - \lambda^2 I = (A - \lambda I)(A + \lambda I)$. Por lo que

$$\det(A^2 - \lambda^2 I) = \det[(A-\lambda I)(A+\lambda I)] = \cancelto{0}{\det(A-\lambda I)}\det(A+\lambda I) = 0.$$

Fin del ejemplo

Ejercicio 3.5 Sea A una matriz cuadrada y λ un valor propio de A. Prueba que

a) para cada escalar μ, $\lambda - \mu$ es un valor propio de $A - \mu I$.

b) si A es invertible, entonces $1/\lambda$ es un valor propio de A^{-1}.

3.2 Diagonalización de matrices

Definición 3.2. Multiplicidad algebraica y geométrica

Sea A una matriz cuadrada y λ un valor propio de A.

a) La **multiplicidad algebraica** de λ, denotada por $m_a(\lambda)$ es la multiplicidad de λ como raíz del polinomio característico.

b) La **multiplicidad geométrica** de λ, denotada por $m_g(\lambda)$, es la dimensión de las soluciones del sistema $(A - \lambda I)\mathbf{x} = \mathbf{0}$.

Ejemplo 3.4 Calcula las multiplicidades de los valores propios de la siguiente matriz

$$A = \begin{bmatrix} 3 & 1 & 0 \\ 0 & 3 & 0 \\ 0 & 0 & 4 \end{bmatrix}.$$

Primero calculamos el polinomio característico:

$$\det\begin{bmatrix} 3-\lambda & 1 & 0 \\ 0 & 3-\lambda & 0 \\ 0 & 0 & 4-\lambda \end{bmatrix} = (3-\lambda)^2(4-\lambda).$$

Hay dos valores propios: $\lambda = 3$ y $\lambda = 4$. Como el factor $3-\lambda$ está elevado al cuadrado, $m_a(3) = 2$. De forma similar, $m_a(4) = 1$.

Para calcular las multiplicidades geométricas, hay que calcular los vectores propios asociados. Primero calculamos los asociados a $\lambda = 3$:

$$\begin{bmatrix} 0 & 1 & 0 \\ 0 & 0 & 0 \\ 0 & 0 & 1 \end{bmatrix}\begin{bmatrix} x \\ y \\ z \end{bmatrix} = \begin{bmatrix} 0 \\ 0 \\ 0 \end{bmatrix} \quad \Rightarrow \quad y = z = 0 \quad \Rightarrow \quad \begin{bmatrix} x \\ y \\ z \end{bmatrix} = \begin{bmatrix} x \\ 0 \\ 0 \end{bmatrix} = x\begin{bmatrix} 1 \\ 0 \\ 0 \end{bmatrix}.$$

La dimensión no es el número de componentes, es el número de vectores que están en la base, en este caso hay un solo vector: $[1\ 0\ 0]^T$. Luego, $m_g(3) = 1$. También es cierto que la dimensión es el número de variables libres (en este caso, solo la x es libre).

Ejercicio 3.6 Comprueba que $m_g(4) = 1$.

Fin del ejemplo

Ejercicio 3.7 Calcula las multiplicidades de los valores propios de la siguiente matriz

$$A = \begin{bmatrix} 1 & 1 & 1 \\ 1 & 1 & 1 \\ 1 & 1 & 1 \end{bmatrix}.$$

La solución es $m_g(0) = m_a(0) = 2$, $m_g(3) = m_a(3) = 1$.

Teorema 3.4. Relación entre las multiplicidades

Si λ es un valor propio, entonces $m_g(\lambda) \leq m_a(\lambda)$.

Ejercicio 3.8 Si la multiplicidad algebraica de un valor propio es simple, ¿cuánto vale su multiplicidad geométrica?

La siguiente definición es muy importante:

Definición 3.3. Matrices diagonalizables

Una matriz cuadrada A de tamaño $n \times n$ es **diagonalizable** si tiene n vectores propios que forman base.

Una caracterización que a veces es útil es la siguiente:

Teorema 3.5. Caracterización de matrices diagonalizables

Una matriz cuadrada es diagonalizable si y sólo si $m_g(\lambda) = m_a(\lambda)$ para todo valor propio λ.

De este teorema se deduce que si una matriz $n \times n$ tiene n valores propios diferentes entonces es diagonalizable. El recíproco es falso, como puede verse tomando la matriz identidad.

Ejemplo 3.5 ¿Para qué valores de a y b la siguiente matriz es diagonalizable?

$$\begin{bmatrix} a & 0 & 0 \\ 1 & 2 & 0 \\ 1 & b & 1 \end{bmatrix}.$$

Los valores propios son $\lambda = a, 2, 1$ (por ser triangular). Si $a \notin \{1,2\}$, la matriz es diagonalizable. Ahora distinguimos los casos $a = 2$ y $a = 1$ por separado.

$a = 2.$ Es claro que $m_a(2) = 2$, $m_a(1) = 1$. Luego $m_g(2)$ puede ser 1 ó 2 y $m_g(1) = 1$. Por tanto, basta calcular $m_g(2)$, y para esto calculemos los vectores propios asociados a $\lambda = 2$.

$$\begin{bmatrix} 0 & 0 & 0 \\ 1 & 0 & 0 \\ 1 & b & -1 \end{bmatrix} \begin{bmatrix} x \\ y \\ z \end{bmatrix} = \begin{bmatrix} 0 \\ 0 \\ 0 \end{bmatrix} \quad \Rightarrow \quad x = 0, \; x + by - z = 0$$

Es más cómodo despejar z que y, y así los vectores propios asociados a $\lambda = 2$ son

$$\begin{bmatrix} x \\ y \\ z \end{bmatrix} = \begin{bmatrix} 0 \\ y \\ by \end{bmatrix} = y \begin{bmatrix} 0 \\ 1 \\ b \end{bmatrix}.$$

Independientemente del valor de b, es claro que $m_g(2) = 1$. Como $m_g(2) \neq m_a(2)$, en este caso la matriz no es diagonalizable.

$a = 1.$ Es claro que $m_a(1) = 2$, $m_a(2) = 1$. Luego $m_g(1)$ puede ser 1 ó 2 y $m_g(2) = 1$. Por tanto, basta calcular $m_g(1)$, y para esto calculemos los vectores propios asociados a $\lambda = 1$.

$$\begin{bmatrix} 0 & 0 & 0 \\ 1 & 1 & 0 \\ 1 & b & 0 \end{bmatrix} \begin{bmatrix} x \\ y \\ z \end{bmatrix} = \begin{bmatrix} 0 \\ 0 \\ 0 \end{bmatrix} \quad \Rightarrow \quad x + y = 0, \; x + by = 0$$

Es claro que z puede tomar cualquier valor. De la primera, $x = -y$, y de la segunda, $-y + by = 0$, es decir, $(b-1)y = 0$. Cuidado, se nos va de las manos tachar $b-1$, pero tachar $b-1$ equivale a dividir por $b-1$, y para dividir por un número, hay que asegurarse de que este número no es 0. Por tanto, distinguimos los subcass $b - 1 = 0$ y $b - 1 \neq 0$.

$a = 1, b = 1.$ La única ecuación útil es $x = -y$. Por tanto, los vectores propios asociados a $\lambda = 1$ son (observa que z puede tomar cualquier valor)

$$\begin{bmatrix} x \\ y \\ z \end{bmatrix} = \begin{bmatrix} -y \\ y \\ z \end{bmatrix} = y \begin{bmatrix} -1 \\ 1 \\ 0 \end{bmatrix} + z \begin{bmatrix} 0 \\ 0 \\ 1 \end{bmatrix}.$$

Luego, en este subcaso, la base de los vectores propios asociados a $\lambda = 1$ contiene dos vectores, y por tanto $m_g(1) = 2$ (también en esta situación podemos observar que hay dos parámetros libres). Como $m_g(1) = m_a(1)$ y $m_g(1) = m_a(1)$, la matriz es diagonalizable.

$a = 1, b \neq 1$. Como $(b-1)y = 0$, entonces $y = 0$; y como $-x = y$, entonces $x = 0$. Recuerda que z puede tomar cualquier valor. Por tanto, los vectores propios asociados a $\lambda = 1$ son

$$\begin{bmatrix} x \\ y \\ z \end{bmatrix} = \begin{bmatrix} 0 \\ 0 \\ z \end{bmatrix} = z \begin{bmatrix} 0 \\ 0 \\ 1 \end{bmatrix}.$$

Luego, en este subcaso, $m_g(1) = 1$. Como $m_g(1) \neq m_g(2)$, la matriz no es diagonalizable.

Fin del ejemplo

Recuerda que para que una matriz sea diagonalizable se tiene que cumplir $m_g(\lambda) = m_a(\lambda)$ para **cualquier** valor propio λ. Con tal de que haya un solo valor propio λ tal que $m_g(\lambda) = m_a(\lambda)$, la matriz no es diagonalizable.

El siguiente resultado es el más importante del tema.

Teorema 3.6. Factorización espectral de una matriz

Si una matriz A es diagonalizable, entonces

$$A = SDS^{-1},$$

siendo S una matriz cuyas columnas son vectores propios de A y D una matriz diagonal cuyas entradas son los valores propios de la diagonal, en el orden en el que hemos colocado los vectores propios.

DEMOSTRACIÓN. Sea A una matriz diagonalizable. Sean $\mathbf{v}_1, \ldots, \mathbf{v}_n$ los vectores propios asociados a $\lambda_1, \ldots, \lambda_n$, entonces

$$A\underbrace{[\mathbf{v}_1 \cdots \mathbf{v}_n]}_{=S} = [A\mathbf{v}_1 \cdots A\mathbf{v}_n] = [\lambda_1\mathbf{v}_1 \cdots \lambda_n\mathbf{v}_n] = [\mathbf{v}_1 \cdots \mathbf{v}_n]\underbrace{\begin{bmatrix} \lambda_1 & \cdots & 0 \\ \vdots & \ddots & \vdots \\ 0 & \cdots & \lambda_n \end{bmatrix}}_{=D}.$$

Luego $A = SDS^{-1}$. □

Hemos de destacar lo siguiente:

- S es una matriz cuyas columnas son n vectores propios que forman base.
- D es una matriz diagonal cuyos elementos de la diagonal son los valores propios.
- La columna i de S es un vector propio asociado al valor propio λ_i.

Ejemplo 3.6 Calcula la factorización SDS^{-1} de

$$A=\begin{bmatrix}1&1&1\\1&1&1\\1&1&1\end{bmatrix}.$$

¿Es única?

Calculemos los valores propios:

$$0=\det(A-\lambda I)=\det\begin{bmatrix}1-\lambda&1&1\\1&1-\lambda&1\\1&1&1-\lambda\end{bmatrix}$$
$$=(1-\lambda)^3+2-3(1-\lambda)=1-3\lambda+3\lambda^2-\lambda^3+2-3+3\lambda=3\lambda^2-\lambda^3.$$

Las raíces son $\lambda=0,\lambda=3$. Los vectores propios asociados a $\lambda=0$ cumplen

$$\begin{bmatrix}1&1&1\\1&1&1\\1&1&1\end{bmatrix}\begin{bmatrix}x\\y\\z\end{bmatrix}=\begin{bmatrix}0\\0\\0\end{bmatrix}.$$

Es decir, $x+y+z=0$. Luego

$$\begin{bmatrix}x\\y\\z\end{bmatrix}=\begin{bmatrix}-y-z\\y\\z\end{bmatrix}+y\underbrace{\begin{bmatrix}-1\\1\\0\end{bmatrix}}_{=\mathbf{v}_1}+z\underbrace{\begin{bmatrix}-1\\0\\1\end{bmatrix}}_{=\mathbf{v}_2}.$$

Los vectores propios asociados a $\lambda=3$ cumplen

$$\begin{bmatrix}-2&1&1\\1&-2&1\\1&1&-2\end{bmatrix}\begin{bmatrix}x\\y\\z\end{bmatrix}=\begin{bmatrix}0\\0\\0\end{bmatrix}$$

. Seeguro que este sistema tiene infintas soluciones. Vamos a resolverlo por Gauss:

$$\begin{bmatrix}-2&1&1\\1&-2&1\\1&1&-2\end{bmatrix}\to\begin{bmatrix}1&-2&1\\-2&1&1\\1&1&-2\end{bmatrix}\to\begin{bmatrix}1&-2&1\\0&-3&3\\0&3&-3\end{bmatrix}\to\begin{bmatrix}1&-2&1\\0&-3&3\\0&0&0\end{bmatrix}.$$

De la segunda ecuación logramos $y=z$. De la primera, $x-2y+z=0$ y si usamos $y=z$, obtenemos $x=y$. Luego los vectores propios asociados a $\lambda=3$ son

$$\begin{bmatrix}x\\y\\z\end{bmatrix}=\begin{bmatrix}x\\x\\x\end{bmatrix}=x\underbrace{\begin{bmatrix}1\\1\\1\end{bmatrix}}_{=\mathbf{v}_3}.$$

Por tanto, si S es la matriz cuyas columnas son $\mathbf{v}_1, \mathbf{v}_2, \mathbf{v}_3$ y D es la matriz diagonal que contiene los valores propios en su diagonal (usando el orden elegido en la matriz S) tenemos que

$$S = \begin{bmatrix} -1 & -1 & 1 \\ 1 & 0 & 1 \\ 0 & 1 & 1 \end{bmatrix}, \qquad D = \begin{bmatrix} 0 & 0 & 0 \\ 0 & 0 & 0 \\ 0 & 0 & 3 \end{bmatrix}.$$

Se tiene $A = SDS^{-1}$.

Esta factorización no es única ya que, por una parte, la base de los vectores propios no es única, y por otra parte, el orden puede ser arbitrario.

Fin del ejemplo

Si quieres comprobar que en ejercicio ya hecho se verifica $A = SDS^{-1}$ (para verificar si está bien hecho), es más simple comprobar si $AS = SD$ (¡cuidado con el orden, AS generalmente no es igual a SA), pues se evita el cálculo de una inversa.

El siguiente resultado a veces es útil; pero su demostración es muy difícil.

Teorema 3.7. Diagonalizabilidad de las matrices simétricas

Toda matriz real simétrica es diagonalizable y sus valores propios son todos reales.

3.3 Aplicaciones de la teoría espectral.

3.3.1 Potencias de matrices

Si A es una matriz diagonalizable, entonces puede ser escrita como $A = SDS^{-1}$, siendo S invertible y D diagonal, por lo que

$$A^2 = SDS^{-1}SDS^{-1} = SD^2S^{-1},$$

$$A^3 = A^2A = SD^2S^{-1}SDS^{-1} = SD^3S^{-1},$$

y en general,

$$A^n = SD^nS^{-1}.$$

El cálculo de D^n es muy sencillo, ya que D es una matriz diagonal, basta con elevar a n todas las entradas de la diagonal de D.

Ejemplo 3.7 Calcular A^n, siendo

$$A = \begin{bmatrix} a & b \\ b & a \end{bmatrix},$$

donde $a, b \in \mathbb{R}$, $b \neq 0$.

Calculemos los valores y vectores propios de A:

$$0 = \det\begin{bmatrix} a-\lambda & b \\ b & a-\lambda \end{bmatrix} = (a-\lambda)^2 - b^2 \quad \Rightarrow \quad (a-\lambda)^2 = b^2 \quad \Rightarrow \quad \lambda = a \pm b.$$

Como $b \neq 0$, la matriz A, de orden 2, tiene dos valores propios distintos, y por tanto es diagonalizable. Los vectores propios asociados a $a+b$ cumplen

$$\begin{bmatrix} a-(a+b) & b \\ b & a-(a+b) \end{bmatrix}\begin{bmatrix} x \\ y \end{bmatrix} = \begin{bmatrix} 0 \\ 0 \end{bmatrix}, \quad x = y, \quad \begin{bmatrix} x \\ y \end{bmatrix} = x\begin{bmatrix} 1 \\ 1 \end{bmatrix}.$$

Los vectores propios asociados a $a-b$ cumplen

$$\begin{bmatrix} a-(a-b) & b \\ b & a-(a-b) \end{bmatrix}\begin{bmatrix} x \\ y \end{bmatrix} = \begin{bmatrix} 0 \\ 0 \end{bmatrix}, \quad x + y = 0, \quad \begin{bmatrix} x \\ y \end{bmatrix} = x\begin{bmatrix} 1 \\ -1 \end{bmatrix}.$$

Luego

$$S = \begin{bmatrix} 1 & 1 \\ 1 & -1 \end{bmatrix}, \quad D = \begin{bmatrix} a+b & 0 \\ 0 & a-b \end{bmatrix}.$$

Ahora

$$\begin{aligned} A^n = SD^nS^{-1} &= \begin{bmatrix} 1 & 1 \\ 1 & -1 \end{bmatrix}\begin{bmatrix} (a+b)^n & 0 \\ 0 & (a-b)^n \end{bmatrix}\begin{bmatrix} 1 & 1 \\ 1 & -1 \end{bmatrix}^{-1} \\ &= \begin{bmatrix} (a+b)^n & (a-b)^n \\ (a+b)^n & -(a-b)^n \end{bmatrix}\frac{1}{2}\begin{bmatrix} 1 & 1 \\ 1 & -1 \end{bmatrix} \\ &= \frac{1}{2}\begin{bmatrix} (a+b)^n + (a-b)^n & (a+b)^n - (a-b)^n \\ (a+b)^n - (a-b)^n & (a+b)^n + (a-b)^n \end{bmatrix}. \end{aligned}$$

Fin del ejemplo

Ejercicio 3.9 Calcular A^n, siendo

$$A = \begin{bmatrix} \cos\theta & -\operatorname{sen}\theta \\ \operatorname{sen}\theta & \cos\theta \end{bmatrix},$$

donde $\operatorname{sen}\theta \neq 0$. Tienes que emplear la fórmula de De Moivre: $(\cos \pm j\operatorname{sen}\theta)^n = \cos(n\theta) \pm j\operatorname{sen}(n\theta)$.

3.3.2 Cálculo de sucesiones dadas por recurrencia lineal

Una sucesión $(x_n)_{n\in\mathbb{N}}$ está dada por **recurrencia lineal** si existen escalares $\alpha_1, \ldots, \alpha_k$ tales que

$$x_n = \alpha_1 x_{n-1} + \cdots + \alpha_k x_{n-k}; \qquad n > k.$$

y además se conocen los primeros k términos de la sucesión.

El «truco» para encontrar una relación no recurrente es el siguiente: Si un término depende de k términos anteriores, entonces se define el vector $\mathbf{v}_n$ de k componentes cuya última coordenada es x_k y se trata de hallar una matriz de orden k tal que $\mathbf{v}_{n+1} = A\mathbf{v}_n$ aprovechando la relación recurrente. Con un ejemplo se ve mejor, si

$$x_n = 4x_{n-1} + 3x_{n-2} - 2x_{n-3} + x_{n-4},$$

entonces hay que rellenar los huecos en

$$\begin{bmatrix} x_{n+4} \\ x_{n+3} \\ x_{n+2} \\ x_{n+1} \end{bmatrix} = \begin{bmatrix} * & * & * & * \\ * & * & * & * \\ * & * & * & * \\ * & * & * & * \end{bmatrix} \begin{bmatrix} x_{n+3} \\ x_{n+2} \\ x_{n+1} \\ x_n \end{bmatrix}.$$

La primera fila se rellena usando la relación de recurrencia, y las restantes usando igualdades obvias.

$$\begin{bmatrix} x_{n+4} \\ x_{n+3} \\ x_{n+2} \\ x_{n+1} \end{bmatrix} = \begin{bmatrix} 4 & 3 & -2 & 1 \\ 1 & 0 & 0 & 0 \\ 0 & 1 & 0 & 0 \\ 0 & 0 & 1 & 0 \end{bmatrix} \begin{bmatrix} x_{n+3} \\ x_{n+2} \\ x_{n+1} \\ x_n \end{bmatrix}.$$

Ejemplo 3.8 Hallar una expresión no recursiva para x_n (la sucesión de Fibonacci).

$$x_n = x_{n-1} + x_{n-2}; \quad n > 2 \quad x_0 = x_1 = 1.$$

Siguiendo la técnica descrita anteriormente,

$$\begin{bmatrix} x_{n+2} \\ x_{n+1} \end{bmatrix} = \begin{bmatrix} 1 & 1 \\ 1 & 0 \end{bmatrix} \begin{bmatrix} x_{n+1} \\ x_n \end{bmatrix} \quad \Rightarrow \quad \mathbf{v}_{n+1} = A\mathbf{v}_n,$$

Ahora calculamos unos cuantos $\mathbf{v}_n$ para ver si obtenemos un patrón común:

$$\mathbf{v}_1 = A\mathbf{v}_0, \quad \mathbf{v}_2 = A\mathbf{v}_1 = A^2\mathbf{v}_0, \quad \mathbf{v}_3 = A\mathbf{v}_2 = AA^2\mathbf{v}_0 = A^3\mathbf{v}_0.$$

Parece claro que $\mathbf{v}_n = A^n\mathbf{v}_0$. Pero además $\mathbf{v}_0 = \begin{bmatrix} x_1 \\ x_0 \end{bmatrix} = \begin{bmatrix} 1 \\ 1 \end{bmatrix}$. Luego

$$\mathbf{v}_n = A^n\mathbf{v}_0 = \begin{bmatrix} 1 & 1 \\ 0 & 1 \end{bmatrix}^n \begin{bmatrix} 1 \\ 1 \end{bmatrix}.$$

Ejercicio 3.10 Acaba el ejemplo. La solución es

$$x_n = \frac{\Phi_1^{n+1} - \Phi_2^{n+1}}{\sqrt{5}}, \qquad \Phi_1 = \frac{1+\sqrt{5}}{2}, \ \Phi_2 = \frac{1-\sqrt{5}}{2}$$

Fin del ejemplo

La sucesión de Fibonacci[1] tiene multitud de fórmulas relacionadas. En el siguiente ejercicio se propone demostrar una expresión usando matrices.

[1]Leonardo de Pisa (1170–1240) fue un matemático italiano más conocido como *Fibonacci*, apodo recibido póstumamente (*Filius* de Bonacci) quien introdujo la notación arábiga en Europa.

Ejercicio 3.11 A partir de la igualdad

$$\underbrace{\begin{bmatrix} x_{n+3} & x_{n+2} \\ x_{n+2} & x_{n+1} \end{bmatrix}}_{M_{n+1}} = \underbrace{\begin{bmatrix} 1 & 1 \\ 1 & 0 \end{bmatrix}}_{A} \underbrace{\begin{bmatrix} x_{n+2} & x_{n+1} \\ x_{n+1} & x_n \end{bmatrix}}_{M_n}$$

expresa M_n en función de A, n y M_0. Deduce la fórmula

$$x_{n+2}x_n - x_{n+1}^2 = (-1)^n.$$

3.3.3 Cadenas de Márkov lineales

Ejemplo 3.9 Un modelo extremadamente simple del clima en una ciudad establece que hay dos tipos de días: los soleados y los nublados.

- Si un día está soleado, la probabilidad de que esté soleado al día siguiente es 0.8.
- Si un día está nublado, la probabilidad de que esté nublado al día siguiente es 0.6.

a) Si un lunes está soleado, ¿cuál es la probabilidad de que el lunes siguiente esté soleado?

b) A la larga, ¿cuál será el promedio de días soleados?

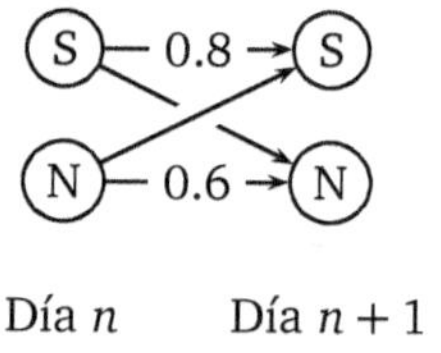

Mira la figura de al lado. Primero vamos a rellenar los números que faltan en las flechas. Si nos fijamos que la suma de los números que salen de un nodo debe ser uno, la flecha que va de N a S tiene que llevar un 0.4 y la flecha que va de S a N tiene que tener un 0.6.

Sea s_n la probabilidad de que el día n esté soleado y c_n la probabilidad de que el día n esté nublado. Si nos fijamos en el nodo S en el día $n+1$, tenemos que

$$s_{n+1} = 0.8 s_n + 0.4 c_n.$$

Si no entiendes bien esta igualdad, piensa en un país con dos regiones S y N. Los habitantes de este país, mes a mes, cambian de residencia habitual y el flujo de emigración se ve reflejado en la figura anterior. Se supone que ni nace ni muera nadie, y nadie emigra o inmigra del país. Sea s_n y c_n los habitantes de S y N, respectivamente.

A propósito: como el tiempo es discreto (que «va a saltos»), lo mejor es usar sucesiones.

Si nos fijamos en el nodo N en el día $n+1$ tenemos que

$$c_{n+1} = 0.2 s_n + 0.6 c_n.$$

Ahora vamos a expresar estas dos igualdades escalares mediante una sola ecuación matricial: es fácil ver que

$$\begin{bmatrix} s_{n+1} \\ c_{n+1} \end{bmatrix} = \begin{bmatrix} 0.8 & 0.4 \\ 0.2 & 0.6 \end{bmatrix} \begin{bmatrix} s_n \\ c_n \end{bmatrix},$$

por lo que si llamamos

$$\mathbf{v}_n = \begin{bmatrix} s_n \\ c_n \end{bmatrix}, \qquad A = \begin{bmatrix} 0.8 & 0.4 \\ 0.2 & 0.6 \end{bmatrix},$$

entonces

$$\mathbf{v}_{n+1} = A\mathbf{v}_n.$$

Tal como ya hemos hecho en varias ocasiones logramos $\mathbf{v}_n = A^n\mathbf{v}_0$.

¿Qué es $\mathbf{v}_0$? Es la condición inicial. En este ejemplo, como sabemos que inicialmente está soleado, entonces $\mathbf{v}_0 = [s_0\ c_0]^T = [1\ 0]^T$.

Observa que el primer lunes es etiquetado con el índice $n = 0$, luego al lunes siguiente le corresponde $n = 7$. Por tanto, hay que calcular $\mathbf{v}_7 = A^7\mathbf{v}_0$.

Ejercicio 3.12 Comprueba que los valores propios de A son $\lambda = 1$, $\lambda = 0.4$ y $[2\ 1]^T$, $[1\ -1]^T$ son vectores propios respectivos.

Por lo que A es diagonalizable y podemos escribir $A = SDS^{-1}$,

$$S = \begin{bmatrix} 2 & 1 \\ 1 & -1 \end{bmatrix}, \qquad D = \begin{bmatrix} 1 & 0 \\ 0 & 0.4 \end{bmatrix}.$$

Y ahora,

$$\mathbf{v}_n = A^n\mathbf{v}_0 = SDS^{-1}\mathbf{v}_0.$$

Aquí podemos calcular S^{-1} y efectuar los productos. Pero vamos a usar otra manera más eficiente. Si llamamos $S^{-1}\mathbf{v}_0 = \mathbf{x}$ (recuerda que sabemos lo que vale $\mathbf{v}_0$), entonces $\mathbf{v}_0 = S\mathbf{x}$. Resulta que podemos hallar $\mathbf{x}$ resolviendo un sistema de ecuaciones lineales, que es más eficiente que hallar la inversa de la matriz de coeficientes.

$$S\mathbf{x} = \mathbf{v}_0 \quad \Rightarrow \quad \begin{bmatrix} 2 & 1 \\ 1 & -1 \end{bmatrix}\begin{bmatrix} x \\ y \end{bmatrix} = \begin{bmatrix} 1 \\ 0 \end{bmatrix} \quad \Rightarrow \quad \begin{array}{rcl} 2x + y & = & 1 \\ x - y & = & 0 \end{array} \quad \Rightarrow \quad x = y = \frac{1}{3}.$$

Y ahora,

$$\mathbf{v}_n = SDS^{-1}\mathbf{v}_0 = SD\mathbf{x} = \begin{bmatrix} 2 & 1 \\ 1 & -1 \end{bmatrix}\begin{bmatrix} 1 & 0 \\ 0 & 0.4^n \end{bmatrix}\frac{1}{3}\begin{bmatrix} 1 \\ 1 \end{bmatrix} = \frac{1}{3}\begin{bmatrix} 2 & 1 \\ 1 & -1 \end{bmatrix}\begin{bmatrix} 1 \\ 0.4^n \end{bmatrix}$$
$$= \frac{1}{3}\begin{bmatrix} 2 + 0.4^n \\ 1 - 0.4^n \end{bmatrix}.$$

Como la probabilidad de que el lunes posterior haga sol es c_7, que es la primera coordenada de $\mathbf{v}_7$, la respuesta del apartado a) es $(2 + 0.4)^n/3$.

«A la larga» quiere decir el comportamiento de $\mathbf{v}_n$ cuando n es grande. De una forma más técnica es $\lim_{n\to\infty} \mathbf{v}_n$. Así, basta con tender n a infinito en la expresión anterior de $\mathbf{v}_n$. Tenemos

$$\lim_{n\to\infty} \mathbf{v}_n = \lim_{n\to\infty} \frac{1}{3}\begin{bmatrix} 2 + 0.4^n \\ 1 - 0.4^n \end{bmatrix} = \frac{1}{3}\begin{bmatrix} 2 \\ 1 \end{bmatrix}.$$

Es decir, a la larga, 2 de cada 3 días son soleados.

Fin del ejemplo

Si te fijas en la matriz A de este último ejemplo, la suma de las entradas de cada columna es 1. Esto no es casualidad ya que proviene del hecho de que la suma de todas las probabilidades es 1 (o en el lenguaje del ejemplo anterior, un día es o bien soleado o nublado).

Definición 3.4. Matrices estocásticas

Una matriz A es estocástica si $0 \leq a_{ij} \leq 1$ y las entradas de cada columna suma 1.

Definición 3.5. Procesos de Markov

En un proceso de Markov hay una sucesión de estados $\mathbf{x}_n$, de modo que existe una matriz estocástica A tal que $\mathbf{x}_n = A\mathbf{x}_{n-1}$.

El comportamiento a largo plazo viene dado por el llamado término estacionario.

Definición 3.6. Término estacionario

Si $\mathbf{x}_{n+1} = A\mathbf{x}$ es un proceso de Márkov, entonces

$$\mathbf{x}^* = \lim_{n\to\infty} \mathbf{x}_n$$

es el **término estacionario**, que puede existir o no.

Teorema 3.8. Propiedades de las matrices estocásticas

a) $\lambda = 1$ es un valor propio de toda matriz estocástica.

b) Si λ es un valor propio de una matriz estocástica, entonces $|\lambda| \leq 1$.

c) Si A es una matriz estocástica diagonalizable y todos sus valores propios (excepto $\lambda = 1$), tienen módulo menor que 1, entonces existe el término estacionario y es un vector propio correspondiente a $\lambda = 1$.

Veamos la razón de la tercera: $\mathbf{x}_m = A^m\mathbf{x}_0 = SD^mS^{-1}\mathbf{x}_0$. Como $D = \operatorname{diag}(1, \lambda_2, \ldots, \lambda_n)$, entonces $D^m = \operatorname{diag}(1, \lambda_2^m, \ldots, \lambda_n^m)$ tiene límite cuando $m \to \infty$. Luego existe $\lim_{m\to\infty} \mathbf{x}_m = \mathbf{x}^*$. Haciendo tender $m \to \infty$ en $\mathbf{x}_{m+1} = A\mathbf{x}_m$, tenemos $\mathbf{x}^* = A\mathbf{x}^*$.

Ejemplo 3.10 Un país tiene dos regiones X e Y. Sean x_n, y_n el número de habitantes en las regiones X e Y, respectivamente, en el año n. El flujo de emigración viene dado por la siguiente igualdad:

$$\begin{bmatrix} x_{n+1} \\ y_{n+1} \end{bmatrix} = \begin{bmatrix} 0.2 & 0.5 \\ 0.8 & 0.5 \end{bmatrix} \begin{bmatrix} x_n \\ y_n \end{bmatrix}.$$

¿Hacia qué valores tiende el modelo?

Los valores propios son $\lambda = 0.3$ y $\lambda = 1$. Es claro que la matriz es diagonalizable y por el teorema 4.8, existe término estacionario y es un vector propio asociado a $\lambda = 1$. Los vectores propios asociados a $\lambda = 1$ cumplen

$$\begin{bmatrix} -0.8 & 0.5 \\ 0.5 & -0.5 \end{bmatrix}\begin{bmatrix} x \\ y \end{bmatrix}=\begin{bmatrix} 0 \\ 0 \end{bmatrix} \quad \Rightarrow \quad 8x=5y \quad \Rightarrow \quad \begin{bmatrix} x \\ y \end{bmatrix}=\begin{bmatrix} x \\ 8x/5 \end{bmatrix}.$$

Ahora falta averiguar x. Si N es número total de habitantes, entonces

$$x+\frac{8}{5}x=N \quad \rightarrow \quad \frac{13}{5}x=N \quad \rightarrow \quad x=N\frac{5}{13}.$$

Luego, el término estacionario es

$$\mathbf{x}^*=N\begin{bmatrix} 5/13 \\ 8/13 \end{bmatrix}.$$

Fin del ejemplo

Ejercicio 3.13 No todos los procesos de Markov tienen término estacionario. En un curso universitario hay dos grupos. Pero tras cada semana, todos los alumnos de un grupo se cambian al otro. Si a_n, b_n son los alumos de los los grupos tras n semanas, encuentra una matriz A tal que

$$\begin{bmatrix} a_{n+1} \\ b_{n+1} \end{bmatrix}=A\begin{bmatrix} a_n \\ b_n \end{bmatrix}.$$

Comprueba que si $a_0 \neq b_0$, este modelo no tiene término estacionario. ¿Tiene esto algo que ver con los valores propios de A?

Ejercicio 3.14 Sea A una matriz estocástica y $\mathbf{v}$ un vector propio asociado a $\lambda \neq 1$. Prueba que las suma de las componentes de $\mathbf{v}$ es 0. Ayuda: Si $\mathbb{1}$ es el vector fila de $\mathbb{R}^n$ todo formado por unos, observa que la suma de las componentes de $\mathbf{v}$ es $\mathbb{1}^T\mathbf{v}$. Usa la igualdad $A\mathbf{v} = \lambda\mathbf{v}$ e intenta que aparezca en esta igualdad $\mathbb{1}^T\mathbf{v}$.

El siguiente ejercicio muestra un proceso que no es de Markov, y por tanto, el término estacionario no puede calcularse por medio de los vectores propios asociados a $\lambda = 1$.

Ejemplo 3.11 Un modelo energético (muy simplificado) es el siguiente: hay dos tipos de energía, la fósil y la eléctrica. Tras cada año, las reservas energéticas se modifican, la fósil se puede transformar en eléctrica, mientras que al contrario no. Asimismo, debido a las reservas hidráulicas podemos suponer que hay un incremento constante de energía eléctrica. También suponemos que hay unos porcentajes que se pierden debido a que el rendimiento nunca es del 100 %. Las conversiones se muestran en la figura siguiente:

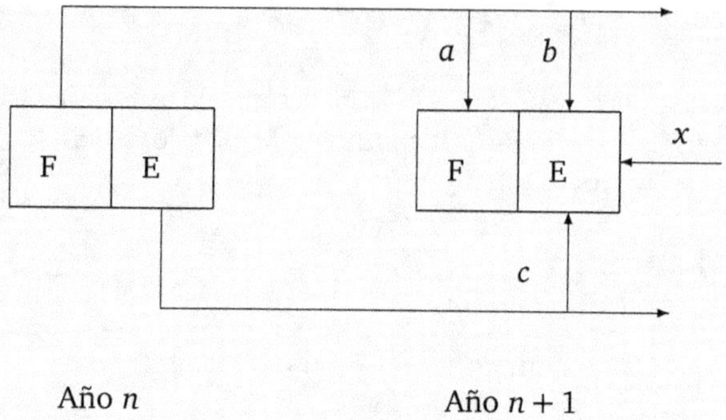

Los números a, b y c son tantos por uno y están en $]0,1[$. La cantidad x es fija y estrictamente positiva. Sean e_n y f_n las cantidades de energía eléctrica y fósil tras n años. Sea $\mathbf{v}_n = (e_n, f_n)^t$.

a) Halla una matriz A y un vector $\mathbf{u}$ tales que $\mathbf{v}_{n+1} = A\mathbf{v}_n + \mathbf{u}$ para todo $n \in \mathbb{N}$.

b) Prueba que $\mathbf{v}_n = A^n\mathbf{v}_0 + (I - A^n)(I - A)^{-1}\mathbf{u}$.

c) Describe cuándo la matriz A es diagonalizable. A partir de ahora, solo estudia el caso diagonalizable.

d) Calcula el término estacionario. ¿Con este modelo, se agotará algún tipo de energía?

a) Si nos fijamos en la energía fósil del año $n+1$ tenemos que

$$f_{n+1} = af_n,$$

y si nos fijamos en la energía eléctrica,

$$e_{n+1} = bf_n + ce_n + x.$$

Por tanto,

$$\underbrace{\begin{bmatrix} f_{n+1} \\ e_{n+1} \end{bmatrix}}_{\mathbf{v}_{n+1}} = \underbrace{\begin{bmatrix} a & 0 \\ b & c \end{bmatrix}}_{A} \underbrace{\begin{bmatrix} f_n \\ e_n \end{bmatrix}}_{\mathbf{v}} + \underbrace{\begin{bmatrix} 0 \\ x \end{bmatrix}}_{\mathbf{u}}.$$

b) Vamos a calcular $\mathbf{v}_2, \mathbf{v}_3, \mathbf{v}_4$ a ver si encontramos un patrón común.

$$\mathbf{v}_2 = A\mathbf{v}_1 + \mathbf{u} = A(A\mathbf{v}_0 + \mathbf{u}) + \mathbf{u} = A^2\mathbf{v}_0 + A\mathbf{u} + \mathbf{u}.$$

$$\mathbf{v}_3 = A\mathbf{v}_2 + \mathbf{u} = A(A^2\mathbf{v}_0 + A\mathbf{u} + \mathbf{u}) + \mathbf{u} = A^3\mathbf{v}_0 + A^2\mathbf{u} + A\mathbf{u} + \mathbf{u}.$$

$$\mathbf{v}_4 = A\mathbf{v}_3 + \mathbf{u} = A(A^3\mathbf{v}_0 + A^2\mathbf{u} + A\mathbf{u} + \mathbf{u}) + \mathbf{u} = A^4\mathbf{v}_0 + A^3\mathbf{u} + A^2\mathbf{u} + A\mathbf{u} + \mathbf{u}.$$

Parece que ya tenemos un patrón común:

$$\mathbf{v}_n = A^n\mathbf{v}_0 + A^{n-1}\mathbf{u} + \cdots + A\mathbf{u} + \mathbf{u}.$$

Por tanto, para probar el apartado b), basta con demostrar que $(I - A^n)(I - A)^{-1} = A^n + \cdots + A + I$.

Ejercicio 3.15 ¿Por qué, en este ejemplo, $I-A$ es invertible?

Ejercicio 3.16 Prueba que $(I-A)(A^n+A^{n-1}+\cdots+A+I)=I-A^n$.

c) Los valores propios de A son $\lambda=a$ y $\lambda=c$ puesto que A es triangular.

Si $a\neq c$, entonces A es diagonalizable pues A es de orden 2 y hay dos valores propios distintos.

Vamos a estudiar el caso $a=c$. Es claro que $m_a(a)=2$, y para calcular $m_g(a)$, vamos a calcular los vectores propios asociados a $\lambda=a$.

$$\begin{bmatrix} 0 & 0 \\ b & 0 \end{bmatrix}\begin{bmatrix} x \\ y \end{bmatrix}=\begin{bmatrix} 0 \\ 0 \end{bmatrix} \quad\Rightarrow\quad bx=0 \quad\Rightarrow\quad (b\neq 0) \quad\Rightarrow\quad x=0.$$

Como hay una sola coordenada libre, $m_g(a)=1$. Como $m_g(a)\neq m_a(a)$, en este caso, la matriz A no es diagonalizable.

d) A partir de ahora, supondremos que $a\neq c$.

El término estacionario es $\lim_{n\to\infty}\mathbf{v}_n$. Para calcular el término estacionario, no podemos decir que es un vector propio asociado a $\lambda=1$, pues este proceso no es de Markov (observa también que $\lambda=1$ no es un valor propio de A). Si nos fijamos en la expresión del apartado b),

$$\lim_{n\to\infty}\mathbf{v}_n=\lim_{n\to\infty}\left(A^n\mathbf{v}_0+(I-A^n)(I-A)^{-1}\mathbf{u}\right).$$

En la expresión dentro del paréntesis, el único lugar donde aparece n es en A^n. Por tanto, vamos a calcular $\lim_{n\to\infty}A^n$. Un enfoque para calcular este límite es calcular los vectores propios de A obteniendo S, luego simplificar SD^nS^{-1}, y por último hacer tender n a infinito. Vamos a usar otro enfoque más rápido.

Como A es diagonalizable, existe una matriz S invertible tal que

$$A=S\begin{bmatrix} a & 0 \\ 0 & c \end{bmatrix}S^{-1}.$$

Recuerda que D es una matriz diagonal cuyas entradas son los valores propios. Ahora

$$A^n=SD^nS^{-1}=S\begin{bmatrix} a^n & 0 \\ 0 & c^n \end{bmatrix}S^{-1} \quad\Rightarrow\quad \lim_{n\to\infty}A^n=S\lim_{n\to\infty}D^nS^{-1}=SOS^{-1}=O.$$

¡Sin calcular ni S ni S^{-1}!

Ahora,

$$\lim_{n\to\infty}\mathbf{v}_n=\lim_{n\to\infty}\left(A^n\mathbf{v}_0+(I-A^n)(I-A)^{-1}\mathbf{u}\right)=(I-A)^{-1}\mathbf{u}.$$

Luego, solo hace falta calcular $(I-A)^{-1}\mathbf{u}$. Si no queremos calcular la inversa de $I-A$, tenemos una alternativa más eficiente: Llamamos $(I-A)^{-1}\mathbf{u}=\mathbf{x}$, luego $\mathbf{u}=(I-A)\mathbf{x}$, es decir, tenemos el sistema

$$\begin{bmatrix} 0 \\ x \end{bmatrix}=\begin{bmatrix} 1-a & 0 \\ b & 1-c \end{bmatrix}\begin{bmatrix} x_1 \\ x_2 \end{bmatrix} \qquad x_1=0,\ \ x_2=\frac{x}{1-c}.$$

El término estacionario es

$$\begin{bmatrix} 0 \\ x/(1-c) \end{bmatrix}.$$

Como la primera coordenada corresponde a la energía fósil, a la larga, la energía fósil es 0, es decir, se agotará.

Fin del ejemplo

3.4 Ejercicios

1. Halle los valores y vectores propios de las siguientes matrices

$$A = \begin{bmatrix} 1 & 1 \\ 0 & 1 \end{bmatrix}, \qquad B = \begin{bmatrix} 1 & 2 \\ 2 & 1 \end{bmatrix}, \qquad C = \begin{bmatrix} \cos\theta & -\operatorname{sen}\theta \\ \operatorname{sen}\theta & \cos\theta \end{bmatrix}.$$

   Cuando la matriz sea diagonalizable, calcule de manera explícita su potencia n-ésima. Para la matriz C le resultará útil usar la fórmula de Moivre: $(\cos\theta + \mathrm{j}\operatorname{sen}\theta)^n = \cos(n\theta) + \mathrm{j}\operatorname{sen}(n\theta)$.

2. Calcule los valores y los vectores propios de

$$A = \begin{bmatrix} 1 & 2 & 3 \\ 0 & 4 & 5 \\ 0 & 0 & 6 \end{bmatrix}.$$

   ¿Es diagonalizable?

3. Considere la matriz A obtenida en el ejercicio 22 de la parte de *Operaciones entre matrices*.

   a) Encuentre los valores y vectores propios de A. Interprete en términos de señales los vectores propios asociados a $\lambda = 1$.

   b) ¿Para qué valores de $n > 1$ la matriz A es diagonalizable?

4. Una persona cambia de nodo en este gráfico

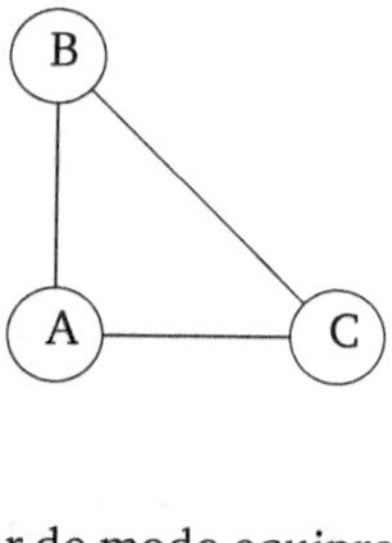

   de la siguiente manera: decide al azar de modo equiprobable a dónde ir, sin permanecer dos veces seguidas en el mismo sitio. Sea $\mathbf{v}_n = (a_n, b_n, c_n)^T$ la probabilidad de que la persona esté respectivamente en A, B y C tras n pasos. Se tiene entonces que $a_{n+1} = (b_n + c_n)/2$, y similarmente para b_{n+1} y c_{n+1}.

a) Halle una matriz M tal que $\mathbf{v}_{n+1} = M\mathbf{v}_n$. Observe que M es simétrica.

b) Probablemente este apartado le resulte útil para los cálculos siguientes (aunque no sea estrictamente necesario). Sea A una matriz cuadrada arbitraria y α un número real no nulo. Halle una relación entre los valores propios de A y de αA.

c) Halle una matriz S invertible y una matriz D diagonal tales que $M = SDS^{-1}$ (la matriz M es la obtenida en el apartado a). Trabaje sin usar decimales.

d) Halle el término estacionario. Interprételo.

e) Si se permite que la persona pueda permanecer dos veces seguidas en el mismo sitio, entonces hay que modificar el proceso anterior. Las nuevas ecuaciones son

$$a_{n+1} = \rho a_n + \frac{1-\rho}{2} b_n + \frac{1-\rho}{2} c_n$$

y ecuaciones parecidas para b_{n+1} y c_{n+1}, siendo $0 < \rho < 1$. Halle una matriz N de forma que $\mathbf{v}_{n+1} = N\mathbf{v}$, relacione N con M (la matriz M es la de los apartados anteriores) y encuentre el término estacionario del proceso.

5. Un modelo energético (muy simplificado) es el siguiente: hay dos tipos de energía, la fósil y la eléctrica. Tras cada año, las reservas energéticas se modifican, la fósil se puede transformar en eléctrica, mientras que al contrario no. Asimismo, debido a las reservas hidráulicas podemos suponer que hay un incremento constante de energía eléctrica. También suponemos que hay unos porcentajes que se pierden debido a que el rendimiento nunca es del 100 %. Las conversiones se muestran en la figura siguiente

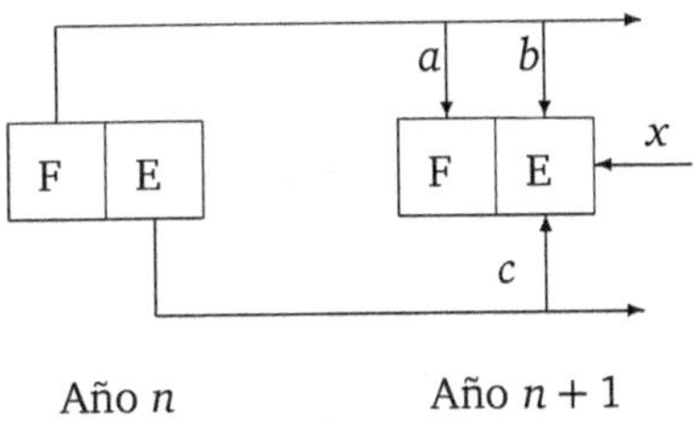

Los números a, b y c son tantos por uno y están en $]0,1[$. La cantidad x es fija y estrictamente positiva. Sean e_n y f_n las cantidades de energía eléctrica y fósil tras n años. Sea $\mathbf{v} = (e_n, f_n)^T$.

a) Halle una matriz A y un vector $\mathbf{u}$ tales que $\mathbf{v}_{n+1} = A\mathbf{v}_n + \mathbf{u}$ para todo $n \in \mathbb{N}$.

b) Pruebe que $\mathbf{v}_n = A^n\mathbf{v}_0 + (I - A^n)(I - A)^{-1}\mathbf{u}$.

c) Describa cuándo la matriz A es diagonalizable.

A partir de ahora suponga que A es diagonalizable.

d) Calcule A^n.

e) De una expresión para las cantidades de energía tras n años. Calcule el término estacionario. ¿Con este modelo, se agotará algún tipo de energía?

6. Sea $\phi \in]0, \pi/2[$ y

$$A = \begin{bmatrix} \cos^2\phi & \cos\phi \operatorname{sen}\phi \\ \cos\phi \operatorname{sen}\phi & \operatorname{sen}^2\phi \end{bmatrix}.$$

a) Halle los valores y vectores propios de A. En particular compruebe que hay dos rectas perpendiculares que pasan por el origen de forma que estas rectas son los dos conjuntos de vectores propios de A.

b) Razone si A es diagonalizable.

c) Escriba de forma razonada la relación entre $\mathbf{x}$ y $A\mathbf{x}$, siendo $\mathbf{x}$ un vector (columna) arbitrario de $\mathbb{R}^2$. Ayuda: Escriba $\mathbf{x}$ como $\mathbf{u}+\mathbf{v}$, siendo $\mathbf{u}$ y $\mathbf{v}$ vectores que están en las rectas encontradas del apartado a).

7. Considere la matriz

$$A = \begin{bmatrix} 1 & 1 & 0 \\ 0 & k & 0 \\ -2 & 1 & 3 \end{bmatrix},$$

siendo k un parámetro real.

a) Calcule los valores y vectores propios de la matriz A cuando $k=2$.

b) Razone si la matriz A es diagonalizable cuando $k=2$.

c) Cuando $k=2$, razone si existe una matriz S invertible y una matriz D diagonal tales que $A = SDS^{-1}$. En el caso de existir tales matrices, hállelas.

d) Cuando $k=2$, calcule A^n, siendo n un número natural.

e) Cuando $k=1$, razone si la matriz A es diagonalizable.

8. La evolución de tres variables x_n, y_n, z_n viene dada por las ecuaciones

$$x_{n+1} = x_n - y_n + z_n, \quad y_{n+1} = -x_n + y_n + z_n, \quad z_{n+1} = -x_n - y_n + 3z_n, \quad n = 0, 1, 2, \ldots$$

Tomemos $\mathbf{v}_n = (x_n, y_n, z_n)^T$.

a) Halla una matriz A tal que $\mathbf{v}_{n+1} = A\mathbf{v}_n$.

b) Halla los valores y vectores propios de A. Halla una matriz invertible S y una matriz diagonal D tales que $A = SDS^{-1}$.

c) Calcula la inversa de S por el método de Gauss-Jordan. Indica las operaciones elementales empleadas.

d) Halla la evolución de x_n, y_n, z_n, siendo $x_0 = 0, y_0 = 1, z_0 = 3$.

9. Dado un triángulo de vértices $\mathbf{a}_0$, $\mathbf{b}_0$ y $\mathbf{c}_0$, se construye otro uniendo los puntos medios $\mathbf{a}_1$, $\mathbf{b}_1$ y $\mathbf{c}_1$ de los lados de aquél, como indica la figura, luego otro uniendo los puntos medios $\mathbf{a}_2$, $\mathbf{b}_2$ y $\mathbf{c}_2$ de los de este último, y así recursivamente A lo largo del problema se considerará que los puntos $\mathbf{a}_n$, $\mathbf{b}_n$ y $\mathbf{c}_n$ son filas de $\mathbb{R}^2$.

Sea

$$A_n = \begin{bmatrix} \mathbf{a} \\ \mathbf{b} \\ \mathbf{c} \end{bmatrix}.$$

Observe que A_n tiene tres filas y dos columnas.

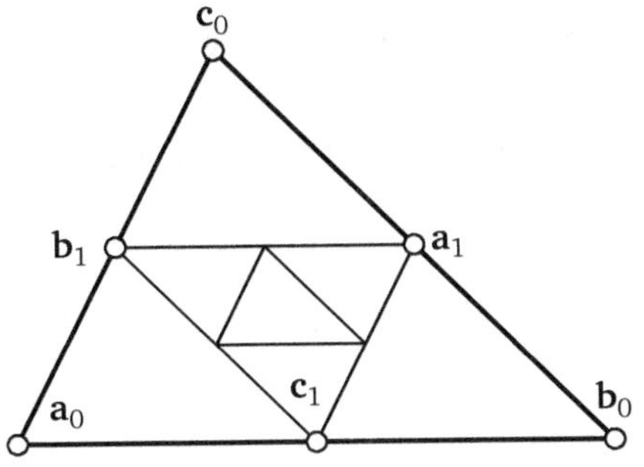

(a) Halle una matriz cuadrada de orden 3, sea M, tal que $A_{n+1} = MA_n$ para todo $n \in \mathbb{N}$.

(b) Obtenga la relación entre los vértices $\mathbf{a}_n$, $\mathbf{b}_n$ y $\mathbf{c}_n$ y los del triángulo inicial.

(c) Halle el límite al que tienden $\mathbf{a}_n$, $\mathbf{b}_n$ y $\mathbf{c}_n$ (en función de $\mathbf{a}_0$, $\mathbf{b}_0$ y $\mathbf{c}_0$). ¿Qué punto conocido es este límite?

10. Sean las matrices

$$S = \begin{bmatrix} 1 & 0 & 1 \\ 0 & 1 & 1 \\ 0 & 0 & 1 \end{bmatrix}, \qquad D = \begin{bmatrix} 1 & 0 & 0 \\ 0 & 1 & 0 \\ 0 & 0 & 0 \end{bmatrix}$$

y $A = SDS^{-1}$.

a) Calcule S^{-1} usando el algoritmo de Jordan-Gauss.

b) Calcule los valores y vectores propios de A.

c) ¿Hay alguna relación entre los valores propios de A y la matriz diagonal D? ¿Hay alguna relación entre los vectores propios de A y la matriz S?

11. Cierta clase de escarabajo vive hasta 3 años. Se divide la población en 3 clases: crías (hasta 1 año), jóvenes (de 1 a 2 años) y adultos (de 2 a 3 años). Las crías no depositan huevos, cada joven deposita un promedio de a huevos y cada adulto deposita un promedio de b huevos. La tasa de supervivencia de las crías es de c y la de los jóvenes es de d.

Sean x_k, y_k, z_k la población en el año k de crías, jóvenes y adultos, respectivamente. Se puede probar que

$$x_{k+1} = ay_k + bz_k, \qquad y_{k+1} = cx_k, \qquad z_{k+1} = dy_k.$$

a) Si $\mathbf{v}_k = (x_k, y_k, z_k)^T$, halle una matriz cuadrada A tal que $\mathbf{v}_{k+1} = A\mathbf{v}_k$.

b) Halle el polinomio característico de A.

c) ¿Qué debe cumplir a, b, c, d para que exista una población que se mantenga constante en el tiempo?

Tome a partir de ahora los valores $a = b = 1$, $c = 13/16$, $d = 3/13$.

d) Sabiendo que la matriz A tiene un valor propio igual a 1, calcule los otros valores propios. Calcule una matriz P de modo que $P^{-1}AP$ sea diagonal.

e) Si inicialmente, $\mathbf{v}_0 = (100, 0, 0)^T$, calcule $P^{-1}\mathbf{v}_0$ sin calcular de manera explícita P^{-1}. Use este resultado para calcular el término estacionario.

12. Considere la siguiente matriz cuadrada de orden 2, siendo α un número real arbitrario,

$$N = \begin{bmatrix} 0 & 1 \\ \alpha & 0 \end{bmatrix}.$$

a) Halle los valores propios de N.

b) Halle los vectores propios de N.

c) Caracterice según α cuando N es diagonalizable y halle para estos valores de α una matriz D diagonal y una matriz S invertible tales que $N = SDS^{-1}$. Halle una expresión para N^k, donde $k \in \mathbb{N}$.

13. Sea A una matriz cuadrada y

$$B = \begin{bmatrix} 0 & I \\ A & 0 \end{bmatrix}.$$

a) Pruebe que si λ es valor propio de B, entonces λ^2 es un valor propio de A.

b) Si $\mu_1, \ldots, \mu_n$ son los valores propios de A, ¿cuáles son los valores propios de B?

c) Tiene que ver algo este ejercicio con el anterior?

14. Sea A una matriz $n \times n$ invertible. Sea

$$B = \begin{bmatrix} 0 & A \\ 0 & 0 \end{bmatrix}.$$

Observe que B es una matriz cuadrada de orden $2n$. Halle los valores y vectores propios de B. ¿Es B diagonalizable?

15. Se pretende estudiar la evolución de dos especies cooperativas X e Y (por ejemplo, la rémora y el tiburón) en un ecosistema con recursos suficientes. Por supuesto, el modelo que se propone estudiar está muy simplificado debido a las limitaciones que supone plantear este problema en un contexto educativo. Sean x_n e y_n la cantidad de individuos de las especies X e Y en el mes n. Se observa que la tasa de crecimiento de ambas especies es proporcional a la suma de los individuos de las dos especies. De forma discreta se tiene que

$$x_{n+1} - x_n = \alpha(x_n + y_n), \qquad y_{n+1} - y_n = \alpha(x_n + y_n)$$

a) Halle una matriz cuadrada A de orden 2 que cumple

$$\begin{bmatrix} x_{n+1} \\ y_{n+1} \end{bmatrix} = A \begin{bmatrix} x_n \\ y_n \end{bmatrix}.$$

b) En este apartado tome $\alpha = 1$. Calcule los valores y vectores propios de A. Calcule x_n e y_n en términos de x_0, y_0 y $n \in \mathbb{N}$. Calcule la proporción x_n/y_n cuando n es grande e interprete este resultado.

c) Halle los valores y vectores propios de la matriz A para un α arbitrario.

16. En algunas ocasiones conocer *a priori* algunas propiedades de las matrices permite conocer algo sobre sus valores propios. Por ejemplo, si M es una matriz de orden n que cumple $M^3 = M$, diga cuáles pueden ser sus valores propios.

17. En los siglos XVIII y XIX se estudió el llamado problema de la cuerda vibrante. Este problema estudia las vibraciones de una cuerda de longitud L con extremos fijos (que por ejemplo, se producen en algunos instrumentos musicales). Al modelar este problema de forma matemática apareció la siguiente cuestión: encontrar todos los valores $\lambda \in \mathbb{R}$ tales que existe una función $y(x) \neq 0$ tales que

$$y''(x) + \lambda y(x) = 0, \qquad y(0) = y(L) = 0. \tag{3.1}$$

La función $y(x)$ modela la oscilación y el valor de λ está relacionado con la frecuencia de la oscilación. Por ejemplo, la función $y(x) = \operatorname{sen}(\pi x/L)$ cumple el problema para $\lambda = (\pi/L)^2$. Como no disponemos de momento de herramientas pata resolver este problema, vamos a usar el álgebra para resolverlo de forma aproximada. Tome, por simplificar, $L = 4$. La siguiente fórmula aproxima a $y''(x)$

$$y''(x) \simeq \frac{y(x-h) - 2y(x) + y(x+h)}{h^2}, \tag{3.2}$$

a) Defina $\mathbf{x} = (y(1), y(2), y(3))^T$. Use la aproximación (3.2) para $h = 1$ en la ecuación diferencial (3.1) para $x = 1$, $x = 2$, $x = 3$ para encontrar una matriz A tal que $A\mathbf{x} = \lambda\mathbf{x}$.

b) Observe que si $\mathbf{x} \neq \mathbf{0}$, entonces λ es un valor propio de A. Halle los valores propios de A (uno de estos valores propios es 2).

c) Halle los vectores propios de A.

d) Observe que en vez de hallar una función $y = y(x)$ definida en $[0, 4]$ que cumple (3.1), ha encontrado tres valores x_1, x_2, x_3 que aproximan a $y(1)$, $y(2)$, $y(3)$ respectivamente. Además, observe que si $\mathbf{x} = (x_1, x_2, x_3)^T$ es una solución de $A\mathbf{x} = \lambda\mathbf{x}$, entonces cualquier múltiplo escalar de $\mathbf{x}$ es también solución[2]. Por lo que para representar gráficamente la solución aproximada, hay que normalizar ésta, y de entre las muchas normalizaciones, se elige la que cumple $x_1 = 1$. Dibuje la poligonal cuyos puntos son

$$(0,0),\ (1,1),\ (2,x_2),\ (3,x_3),\ (4,0)$$

para dibujar de forma aproximada las tres soluciones que provienen de los vectores propios. Estas tres soluciones corresponden a lo que en física se llama **modos normales de vibración**.

18. Un juego de habilidad manual consta de tres fases, X, Y y Z que deben realizarse sucesivamente. Se considera que un jugador ha completado el juego cuando realiza las tres fases de forma satisfactoria. Cuando, dada la dificultad de las diferentes fases, un jugador abandona el juego sin haberlo completado, se considera que ha perdido; en particular, el 40% de las personas abandonan en las tres fases. Además, el 40% repite la fase X; el 20 % repite la fase Y; y nadie repite la fase Z.

[2]Físicamente, esto equivale a decir que si una onda es solución del problema (3.1), entonces si variamos su amplitud, también es solución.

Para estudiar este modelo, se define $\mathbf{v}_k = (a_k, x_k, y_k, z_k, f_k)^T$, siendo a_k la probabilidad de que una persona haya abandonado el juego tras k etapas, f_k la probabilidad de que una persona haya acabado el juego tras k etapas, y x_k, y_k, z_k las probabilidades de que una persona se halle en las fases X, Y, Z, respectivamente, tras la etapa k-ésima. Se puede argumentar que

$$a_{k+1} = a_k + 0'4x_k + 0'4y_k + 0'4z_k, \qquad f_{k+1} = 0'6z_k + f_k$$

y

$$x_{k+1} = 0'4x_k \qquad y_{k+1} = 0'2x_k + 0'2y_k \qquad z_{k+1} = 0'4y_k.$$

a) Halle una matriz cuadrada de orden 5 tal que $\mathbf{v}_{k+1} = A\mathbf{v}_k$.

b) Calcule los valores y vectores propios de A. Compruebe que A es diagonalizable.

c) ¿Qué porcentaje de jugadores acaba el juego? ¿Qué porcentaje de jugadores abandonan el juego? Observe que $\mathbf{v}_1 = (0, 1, 0, 0, 0)^T$.

19. Si A es una matriz diagonalizable, entonces existe una matriz S invertible y una matriz diagonal tales que $A = SDS^{-1}$. Observe que los valores de la diagonal principal de D son los valores propios de A.

a) Obtenga una expresión para A^{-1} (suponiendo que exista) en términos de S y D. ¿Cómo son los valores propios de A^{-1} en función de los de A?

b) Repita el anterior para A^k en vez de A^{-1}.

20. Se tiene la siguiente matriz:

$$A = \begin{bmatrix} 1 & 4 & 0 \\ 0 & 3 & 0 \\ k & 2 & 1 \end{bmatrix}.$$

a) Calcula los valores propios.

b) Calcula los vectores propios y estudia para que valores de k la matriz es diagonalizable.

c) A partir de este momento utiliza $k = 0$. Calcula A^n para $n \in \mathbb{N}$.

d) Encuentra los vectores $\mathbf{v}$ tales que $A^n\mathbf{v}$ esté acotado para cualquier $n \in \mathbb{N}$.

21. El departamento de estudios de mercado de una fábrica estima que el 20% de la gente que compra un producto un mes, no lo comprará el mes siguiente. Además, el 30% de quienes no lo compren un mes lo adquirirá al mes siguiente. En una población de 1000 individuos, 100 compraron el producto el primer mes. ¿Cuántos lo comprarán al mes próximo? ¿Y dentro de dos meses? ¿Habrá un estado estacionario?

22. Estudie la diagonalizabilidad de la matriz

$$A = \begin{bmatrix} 5 & 0 & 0 \\ 0 & -1 & a \\ 3 & 0 & b \end{bmatrix}.$$

23. Considere

$$s_n = \det \begin{bmatrix} 3 & 1 & 0 & \cdots & 0 \\ 1 & 3 & 1 & \cdots & 0 \\ 0 & 1 & 3 & \cdots & 0 \\ \vdots & \vdots & \vdots & \ddots & \vdots \\ 0 & 0 & 0 & \cdots & 3 \end{bmatrix},$$

en donde esta matriz es $n \times n$,

a) Establezca una relación de recurrencia entre s_n, s_{n-1} y s_{n-2}.

b) Halle un expresión no recurrente para s_n.

24. Un modelo (extremadamente simplificado) evolutivo de un sistema económico es el siguiente. Si x_n, y_n denotan los valores en el mes n de dos empresas relacionadas entre ellas, entonces

$$x_{n+1} = \alpha(x_n + y_n), \qquad y_{n+1} = \beta(x_n + y_n),$$

siendo α, β dos constanes reales, que para que este problema no sea demasiado largo, consideraremos $\alpha + \beta \neq 0$, $\alpha \neq 0$ y $\beta \neq 0$.

a) Halla una matriz 2×2 tal que

$$\begin{bmatrix} x_{n+1} \\ y_{n+1} \end{bmatrix} = A \begin{bmatrix} x_n \\ y_n \end{bmatrix}.$$

b) Halla los valores y vectores propios de A. Halla una matriz invertible, S, y una matriz diagonal D, tales que $A = SDS^{-1}$.

c) Halla una expresión no recursiva para x_n e y_n (en función de x_0, y_0).

d) ¿Qué condición necesaria y suficiente deben cumplir α y β para que x_n, y_n tiendan a 0 cuando $n \to \infty$? (independientemente de la condición incial).

25. Considere la siguiente sucesión dada por la ecuación recursiva $f_{n+1} = 3f_n + 4f_{n-1}$ con $f_0 = 0$, $f_1 = 1$ para cada $n \in \mathbb{N}$.

a) Encuentre una matriz A tal que

$$\begin{bmatrix} f_{n+1} \\ f_n \end{bmatrix} = A^n \begin{bmatrix} f_1 \\ f_0 \end{bmatrix}.$$

b) Calcule los valores y vectores propios asociados a la matriz A.

c) Halle la expresión (en forma cerrada) para cada f_n, siendo $n \in \mathbb{N}$.

26. Sea A una matriz estocástica (observe que A cumple $\mathbb{1}^T A = \mathbb{1}^T$, siendo $\mathbb{1}$ el vector todo formado por unos). Si $\mathbf{v}$ es un vector propio de A asociado a $\lambda \neq 1$, pruebe que $\mathbb{1}^T \mathbf{v} = 0$.

27. a) Tome $\mathbf{v} = (1,2,3)^T$ y $\mathbf{u} = (3,2,1)^T$. Calcule los valores y vectores propios de $\mathbf{v}\mathbf{u}^T$. ¿Es esta última matriz diagonalizable?

b) ¿Puedes generalizar el apartdo anterior a vectores arbitrarios de $\mathbb{R}^n$.

28. Sean A una matriz $n \times n$, B otra matriz $m \times m$ y λ un escalar. Se definen

$$C = \begin{bmatrix} \lambda I_n & A \\ B & I_m \end{bmatrix}, \qquad D = \begin{bmatrix} I_n & 0 \\ -B & \lambda I_m \end{bmatrix}.$$

a) Calcula CD y DC.

b) Usando que $\det(CD) = \det(DC)$, prueba que $\lambda^m \det(\lambda I_n - AB) = \lambda^n \det(\lambda I_m - BA)$.

c) ¿Cuál es la relación entre los valores propios de AB y BA?

d) Use los apartados anteriores para calcular de forma cómoda los valores propios de $\mathbf{v}\mathbf{u}^T$ siendo $\mathbf{u}, \mathbf{v}$ dos vectores columna de $\mathbb{R}^n$.

Capítulo 4
Espacio vectorial euclídeo

4.1 Introducción

Consideremos el siguiente problema geométrico: Dado un punto **p** exterior a un plano π. ¿Cómo hallar el punto **q** del plano más próximo a **p**? Mira la figura de la derecha. Claramente, debemos imponer que $\mathbf{p}-\mathbf{q}$ es ortogonal a π.

Ahora consideremos otro problema: Dada una función $f=f(x)$ no polinómica. ¿Cómo hallar el polinomio $p=p(x)$ de grado 1 que mejor aproxima a $f(x)$?

Observa que se trata «del mismo problema» si substutimos $\mathbf{p} \longleftrightarrow p(x)$, $\mathbf{q} \longleftrightarrow f(x)$ y $\pi \longleftrightarrow \mathscr{P}_1$.

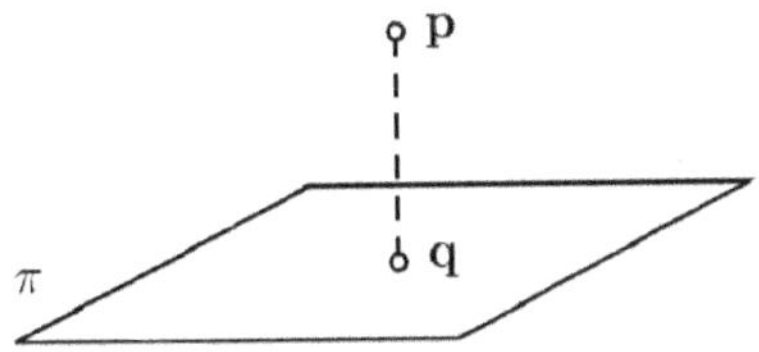

Pero con una salvedad: Hay que definir qué se entiende por «ortogonalidad» en espacios de funciones, y para esto, tenemos que disponer de una herramienta algebraica (y no geométrica). Veamos lo que ocurre en espacios más familiares: $\mathbb{R}^2$ ó $\mathbb{R}^3$. Resulta que podemos ver fácilmente si dos vectores en $\mathbb{R}^2$ ó en $\mathbb{R}^3$ son perpendiculares o no: con el producto escalar.

4.2 Producto escalar

En $\mathbb{R}^n$ podemos definir la siguiente regla que asocia dos vectores y devuelve un número real:

$$\langle \mathbf{u}, \mathbf{v} \rangle = \sum_{i=1}^{n} u_i v_i = \mathbf{v}^T \mathbf{u} \qquad \text{(en particular } \mathbb{R}^2 \text{ y } \mathbb{R}^3\text{).}$$

Es una regla que asocia un número real $\langle \mathbf{u}, \mathbf{v} \rangle$ a cada pareja de vectores **u** y **v**, y satisface las siguientes propiedades, para cualesquiera $\mathbf{u}, \mathbf{v}, \mathbf{w} \in \mathbb{R}^n$ y $\alpha, \beta \in \mathbb{R}$:

a) $\langle \mathbf{u}, \mathbf{v} \rangle = \langle \mathbf{v}, \mathbf{u} \rangle$.

b) $\langle \alpha\mathbf{u} + \beta\mathbf{v}, \mathbf{w} \rangle = \alpha \langle \mathbf{u}, \mathbf{w} \rangle + \beta \langle \mathbf{v}, \mathbf{w} \rangle$.

c) $\langle \mathbf{u}, \mathbf{u} \rangle \geq 0$.

d) $\langle \mathbf{u}, \mathbf{u} \rangle = 0 \Longleftrightarrow \mathbf{u} = \mathbf{0}$.

Resulta que estas cuatro propiedades son también satisfechas por el siguiente ejemplo: si f, g son dos funciones continuas en $[a, b]$, entonces

$$\langle f, g \rangle = \int_a^b f(x) g(x)\, \mathrm{d}x.$$

La operación $\langle \cdot, \cdot \rangle$ de los dos ejemplos anteriores es un **producto escalar**. Un **espacio euclídeo** es o bien $\mathbb{R}^n$ o bien el conjunto de las funciones continuas cuando se considera los productos escalares mencionados.

4.3 Norma y distancia

Observa los dos siguientes dibujos:

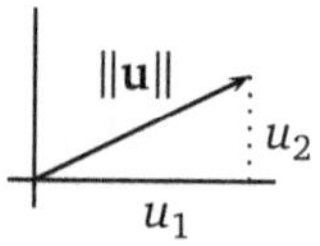

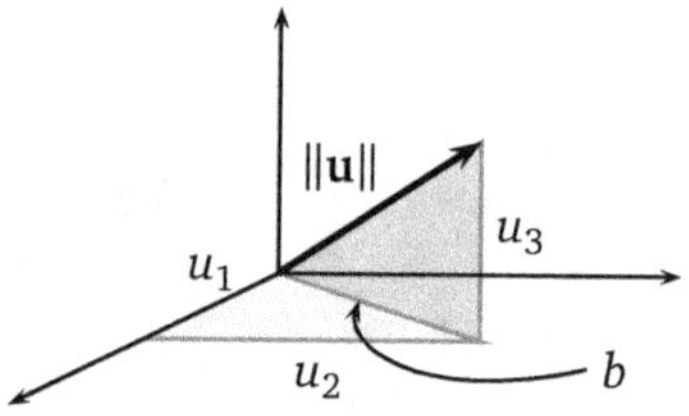

En la izquierda, la longitud del vector $[u_1\ u_2]^T$ es

$$\sqrt{u_1^2+u_2^2},$$

que es la raíz del producto escalar $\langle \mathbf{u},\mathbf{u}\rangle$.

En la derecha, se tiene $b^2=u_1^2+u_2^2$, entonces la longitud del vector $[u_1\ u_2\ u_3]^T$ es, aplicando el teorema de Pitágoras al triángulo gris,

$$\sqrt{b^2+u_1^2}=\sqrt{u_1^2+u_2^2+u_2^2},$$

que de nuevo es la raíz del producto escalar $\langle \mathbf{u},\mathbf{u}\rangle$. Esto motiva la siguiente definición general:

Definición 4.1. Norma y distancia

Sea V un espacio euclídeo. La **norma** de $\mathbf{u}\in V$ es

$$\|\mathbf{u}\|=+\sqrt{\langle \mathbf{u},\mathbf{u}\rangle}$$

y la **distancia** entre $\mathbf{u},\mathbf{v}\in V$ es

$$\mathrm{d}(\mathbf{u},\mathbf{v})=\|\mathbf{u}-\mathbf{v}\|\,.$$

Ya que $\|\alpha\mathbf{u}\|=|\alpha|\|\mathbf{u}\|$ para todo $\alpha\in\mathbb{R}$ y $\mathbf{u}\in V$, entonces si $\mathbf{u}\neq\mathbf{0}$, el vector $\mathbf{u}/\|\mathbf{u}\|$ «apunta» en la misma dirección que $\mathbf{u}$ y tiene norma 1. Este proceso se llama **normalizar un vector**.

Como el producto escalar usual en $\mathscr{C}[a,b]$ es $\langle f,g\rangle=\int_0^1 f(x)g(x)\mathrm{d}x$, el siguiente «truco» facilita en muchas ocasiones el cálculo:

a) Si h es una función impar, entonces $\int_{-a}^{a} h(x)\,\mathrm{d}x=0$.

b) Si h es una función par, entonces $\int_{-a}^{a} h(x)\mathrm{d}x=2\int_0^a h(x)\,\mathrm{d}x$.

El siguiente dibujo nos puede convencer fácilmente de estas dos igualdades.

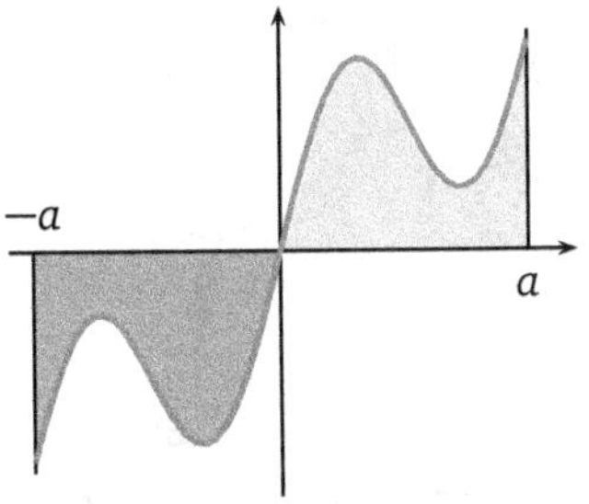

h es impar

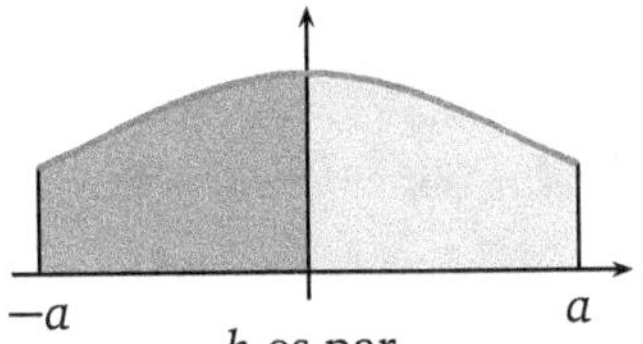

h es par

Además, la siguiente «tabla de multiplicación» también es útil:

*	Par	Impar
Par	Par	Impar
Impar	Impar	Par

Ejemplo 4.1 Si consideramos en $\mathscr{C}([-1,1])$ el producto escalar $\langle f, g\rangle$, calcula $\langle 1, x\rangle$, $\|1\|$ y $\|x\|^2$.

a) $\langle 1, x\rangle = \int_{-1}^{1} x\,\mathrm{d}x = 0$, puesto que $h(x) = x$ es impar.

b) $\|1\|^2 = \langle 1, 1\rangle = \int_{-1}^{1} \mathrm{d}x = 2$, luego $\|1\| = \sqrt{2}$.

c) $\|x\|^2 = \langle x, x\rangle = \int_{-1}^{1} x^2\,\mathrm{d}x = 2\int_0^1 x^2\,\mathrm{d}x = 2/3$, puesto que $h(x) = x^2$ es par.

Fin del ejemplo

Definición 4.2. Ortogonalidad o perpendicularidad

Dos vectores $\mathbf{u}, \mathbf{v}$ de un espacio euclídeo son **perpendiculares** si

$$\langle \mathbf{u}, \mathbf{v}\rangle = 0.$$

Se denota $\mathbf{u} \perp \mathbf{v}$. También se suele decir que $\mathbf{u}$ y $\mathbf{v}$ son **ortogonales**.

Ejemplo 4.2 Sean $\mathbf{u}$ y $\mathbf{v}$ dos vectores ortogonales de un espacio euclídeo. Simplifica $\|\mathbf{u}+\mathbf{v}\|^2$. ¿Qué teorema de la geometría clásica representa?

Para simpificar $\|\mathbf{u}+\mathbf{v}\|^2$, hay que proceder como si fuera «el cuadrado de una suma»:

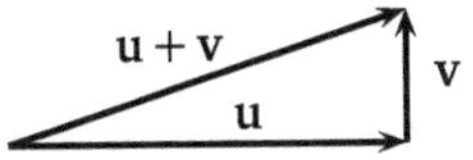

$$\|\mathbf{u}+\mathbf{v}\|^2 = \langle \mathbf{u}+\mathbf{v}, \mathbf{u}+\mathbf{v}\rangle = \|\mathbf{u}\|^2 + 2\langle \mathbf{u}, \mathbf{v}\rangle + \|\mathbf{v}\|^2 = \|\mathbf{u}\|^2 + \|\mathbf{v}\|^2.$$

Es el teorema «generalizado» de Pitágoras.

Fin del ejemplo

Ejercicio 4.1 Sean $\mathbf{u}, \mathbf{v} \in V$, siendo V un espacio euclídeo. Prueba la fórmula

$$\|\mathbf{u}+\mathbf{v}\|^2 + \|\mathbf{u}-\mathbf{v}\|^2 = 2\|\mathbf{u}\|^2 + 2\|\mathbf{v}\|^2.$$

Interpreta esta igualdad si $\mathbf{u}, \mathbf{v} \in \mathbb{R}^2$ (o $\mathbb{R}^3$).

Ejemplo 4.3 Sea $\overline{\mathbf{pq}}$ un diámetro de una circunferencia de centro $\mathbf{k}$. Si $\mathbf{r}$ es un punto de esta circunferencia, prueba que los segmentos $\overline{\mathbf{pr}}$ y $\overline{\mathbf{rq}}$ son perpendiculares. Ayuda: Si $\mathbf{u} = \overrightarrow{\mathbf{pk}} = \overrightarrow{\mathbf{kq}}$ y $\mathbf{v} = \overrightarrow{\mathbf{kr}}$, exprese $\overrightarrow{\mathbf{pr}}$ y $\overrightarrow{\mathbf{rq}}$ en función de $\mathbf{u}$ y $\mathbf{v}$ y a continuación pruebe que $\langle \overrightarrow{\mathbf{pr}}, \overrightarrow{\mathbf{rq}} \rangle = 0$.

Se tiene

$$\overrightarrow{\mathbf{pr}} = \mathbf{u}+\mathbf{v},$$

yendo desde **p** hasta **r** pasando por **k**. De forma parecida, $\mathbf{v} + \overrightarrow{\mathbf{rq}} = \mathbf{u}$, luego

$$\overrightarrow{\mathbf{rq}} = \mathbf{u}-\mathbf{v}.$$

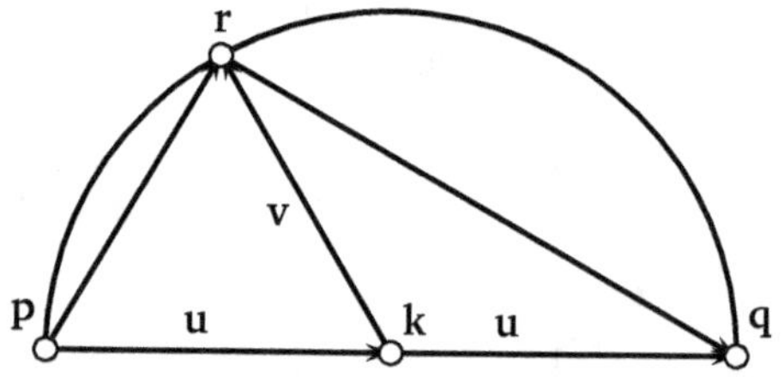

Luego

$$\langle \overrightarrow{\mathbf{pr}}, \overrightarrow{\mathbf{rq}} \rangle = \langle \mathbf{u}+\mathbf{v}, \mathbf{u}-\mathbf{v} \rangle = \|\mathbf{u}\|^2 - \|\mathbf{v}\|^2 = 0.$$

Debido a que **u** y **v** son radios de la circunferencia.

Fin del ejemplo

Ejemplo 4.4 Considera en $\mathscr{C}([0,1])$ el producto escalar $\langle f, g \rangle = \int_0^1 f(x)g(x)\,\mathrm{d}x$. Calcula $\|x\|$ y prueba que $\langle 1, x \rangle \neq 0$ (por lo que la base canónica de $\mathscr{P}_1$ no es ortogonal).

a) $\|x\|^2 = \langle x, x \rangle = \int_0^1 x^2\,\mathrm{d}x = 1/3$.

b) $\langle 1, x \rangle = \int_0^1 x\,\mathrm{d}x = 1/2$.

Fin del ejemplo

Ejemplo 4.5 Considera en $\mathscr{C}([0,1])$ el producto escalar $\langle f, g \rangle = \int_0^1 f(x)g(x)\,\mathrm{d}x$. Dada la función $f(x) = x^3$, ¿cuál de las dos siguientes dos funciones $g_1(x) = 1$, $g_2(x) = x$ está más próxima a f?

Hay que calcular $\mathrm{d}(g_1, f)$ y $\mathrm{d}(g_2, f)$ y quedarse con la menor.

$$\mathrm{d}(g_1, f)^2 = \|g_1 - f\|^2 = \|x - x^3\|^2 =$$
$$= \int_0^1 (x-x^3)^2\,\mathrm{d}x = \int_0^1 (x^2 + x^6 - 2x^4)\,\mathrm{d}x = \frac{1}{3} + \frac{1}{7} - \frac{2}{5} = \frac{29}{105} \simeq 0.276$$

y

$$d(g_2, f)^2 = \|g_2 - f\|^2 = \|1 - x^3\|^2 =$$
$$= \int_0^1 (1-x^3)^2\, dx = \int_0^1 (1 + x^6 - 2x^3)\, dx = \frac{1}{2} + \frac{1}{7} - \frac{2}{4} = \frac{1}{7} \simeq 0.143.$$

Como $d(g_2, f) < d(g_1, f)$, entonces g_2 está más próxima a f que g_1.

La idea intuitiva es que g_2 es «más parecida» a f que lo es g_1. Debajo se muestran las gráficas de f, g_1 y g_2 en el intervalo $[0, 1]$, en donde se puede ver este «parecido».

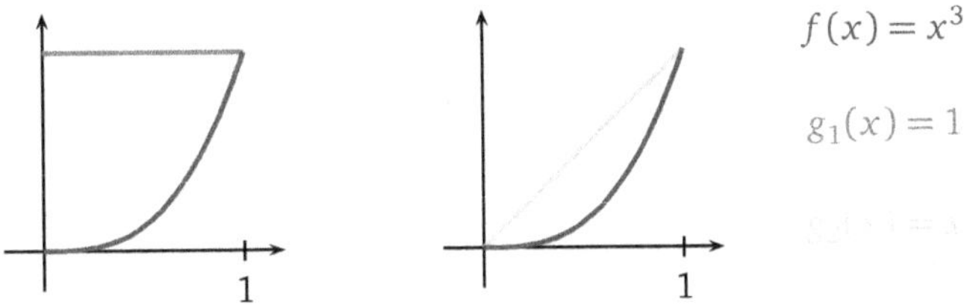

Fin del ejemplo

Definición 4.3. Sistemas ortogonales

El conjunto de vectores $\{\mathbf{u}_1, \ldots, \mathbf{u}_n\}$ se llama **ortogonal** si los vectores $\mathbf{u}_1, \ldots, \mathbf{u}_n$ son perpendiculares dos a dos, esto es

$$\langle \mathbf{u}_i, \mathbf{u}_j \rangle = 0, \quad i \neq j.$$

Si además, $\|\mathbf{u}_i\| = 1$ para todo i, el sistema se llama **ortonormal**.

Veamos algunos ejemplos:

a) Los vectores de la base canónica de $\mathbb{R}^n$ forman un sistema ortonormal.

b) Es evidente que los vectores $\mathbf{u} = [1\ 1\ 1]^T$ y $\mathbf{v} = [1\ 0\ -1]^T$ son ortogonales. Para convertir el sistema $\{\mathbf{u}, \mathbf{v}\}$ en ortonormal, basta con normalizar estos dos vectores. Como $\|\mathbf{u}\| = \sqrt{3}$ y $\|\mathbf{v}\| = \sqrt{2}$, entonces los vectores

$$\widehat{\mathbf{u}} = \frac{1}{\sqrt{3}} \begin{bmatrix} 1 \\ 1 \\ 1 \end{bmatrix}, \qquad \widehat{\mathbf{v}} = \frac{1}{\sqrt{2}} \begin{bmatrix} 1 \\ 0 \\ -1 \end{bmatrix}$$

forman un sistema ortonormal.

c) Los vectores $1, x$ forman un sistema ortogonal en $\mathscr{P}_1$ con el siguiente producto escalar: $\langle f, g \rangle = \int_{-1}^1 f(x)g(x)\, dx$, ya que

$$\langle 1, x \rangle = \int_{-1}^1 x\, dx = 0.$$

Si queremos ortonormalizar este sistema, hay que dividir estos vectores por su norma.

$$\|1\|^2 = \langle 1, 1\rangle = \int_{-1}^{1} \mathrm{d}x = 2 \qquad \Rightarrow \qquad \|1\| = \sqrt{2}.$$

$$\|x\|^2 = \langle x, x\rangle = \int_{-1}^{1} x^2\,\mathrm{d}x = \frac{2}{3} \qquad \Rightarrow \qquad \|x\| = \frac{\sqrt{2}}{\sqrt{3}}.$$

Luego un sistema ortonormal en $\mathscr{P}_1$ es

$$\frac{1}{2}, \frac{\sqrt{3}}{\sqrt{2}}x.$$

d) Los vectores $1, x$ no forman un sistema ortogonal en $\mathscr{P}_1$ con el producto escalar $\langle f, g\rangle = \int_0^1 f(x)g(x)\,\mathrm{d}x$, ya que

$$\langle 1, x\rangle = \int_0^1 x\,\mathrm{d}x = \frac{1}{2} \neq 0.$$

Observa que si se cambia el producto escalar, dos vectores puden ser ortogonales o no.

4.4 Complemento ortogonal

Definición 4.4. Complemento ortogonal

Sea V un espacio euclídeo. Si W es un subespacio (W es un espacio vectorial dentro de otro) de V, el **complemento ortogonal** de W es

$$W^{\perp} = \{\mathbf{v} \in V : \langle \mathbf{v}, \mathbf{w}\rangle = 0, \ \forall\ \mathbf{w} \in W\}.$$

Dos ejemplos geométricos son los siguientes:

a) El complemento ortogonal de una recta que pasa por el origen es un plano que pasa por el origen.

b) El complemento ortogonal de un plano que pasa por el origen es una recta que pasa por el origen.

La idea intuitiva del complemento ortogonal son «todos los vectores perpendiculares a un subespacio».

Teorema 4.1. Dimensión del complemento ortogonal

Si V es un espacio euclídeo de dimensión finita, entonces

$$\dim W + \dim W^{\perp} = \dim V.$$

Una propiedad que permite calcular complementos ortogonales es la siguiente:

Teorema 4.2. Cálculo de complementos

Si $\mathbf{w}_1, \ldots, \mathbf{w}_k$ es una base de W, entonces

$$\mathbf{x} \in W^\perp \iff \langle \mathbf{x}, \mathbf{w}_i \rangle = 0 \text{ para } i = 1, \ldots, k.$$

Ejemplo 4.6 Halla una base de $W^\perp$, siendo $W = \{\lambda(1,2,3)^T : \lambda \in \mathbb{R}\}$.

Antes de hacer ningún cálculo es intuitivo ver que $W^\perp$ es un plano que pasa por el origen, puesto que W es una recta que pasa por el origen.

Como $[1\ 2\ 3]^T$ es una base de W, entonces

$$[a\ b\ c]^T \in W^\perp \iff a + 2b + 3c = 0.$$

Ya podemos hallar una base de $W^\perp$:

$$\begin{bmatrix} a \\ b \\ c \end{bmatrix} = \begin{bmatrix} -2b-3c \\ b \\ c \end{bmatrix} = b \underbrace{\begin{bmatrix} -2 \\ 1 \\ 0 \end{bmatrix}}_{=\mathbf{v}_1} + c \underbrace{\begin{bmatrix} -3 \\ 0 \\ 1 \end{bmatrix}}_{=\mathbf{v}_2}.$$

Los vectores $\mathbf{v}_1, \mathbf{v}_2$ forman una base de $W^\perp$. Observa que $\dim W = 1$, $\dim W^\perp = 2$ y $\dim W + \dim W^\perp = 3 = \dim \mathbb{R}^3$.

Fin del ejemplo

Ejemplo 4.7 Halla el complemento ortogonal de $x + y + z = 0$ en $\mathbb{R}^3$.

Primero obtenemos una base del subespacio que nos dan en el enunciado.

$$\begin{bmatrix} x \\ y \\ z \end{bmatrix} = \begin{bmatrix} x \\ y \\ -x-y \end{bmatrix} = x \underbrace{\begin{bmatrix} 1 \\ 0 \\ -1 \end{bmatrix}}_{=\mathbf{w}_1} + y \underbrace{\begin{bmatrix} 0 \\ 1 \\ -1 \end{bmatrix}}_{=\mathbf{w}_2}.$$

Observa que este subespacio es un plano, y haber obtenido que esta base está formada por dos vectores es lo que dicta la intución.

Ahora usamos el teorema 5.2: Si $\mathbf{x} = [a\ b\ c]^T$ es un vector del complemento ortogonal, entonces

$$0 = \langle \mathbf{w}_1, \mathbf{x} \rangle = a - c, \qquad 0 = \langle \mathbf{w}_2, \mathbf{x} \rangle = b - c.$$

Luego $a = b = c$. Por tanto, los vectores del complemento ortogonal son múltiplos de $[1\ 1\ 1]^T$.

Observa que de nuevo, la suma de las dimensiones de un subespacio y su complemento ortogonal es la dimensión del espacio «ambiente».

Fin del ejemplo

Ejemplo 4.8 Halla el complemento ortogonal de $\mathcal{P}_1$ en $\mathcal{P}_3$ considerando

$$\langle p,q\rangle = \int_{-1}^{1} p(x)q(x)\,\mathrm{d}x.$$

Primero hallamos una base de $\mathcal{P}_1$, que es $1, x$ (la canónica). Ahora si $q(x) = a+bx+cx^2+dx^3$ es un vector del complemento ortogonal, entonces

$$0 = \langle 1,q\rangle = \int_{-1}^{1}(a+bx+cx^2+dx^3)\,\mathrm{d}x = 2a+\frac{2c}{3}.$$

$$0 = \langle x,q\rangle = \int_{-1}^{1}x(a+bx+cx^2+dx^3)\,\mathrm{d}x = \int_{-1}^{1}(ax+bx^2+cx^3+dx^4)\,\mathrm{d}x = \frac{2b}{3}+\frac{2d}{5}.$$

$$q(x) = a+bx+cx^2+dx^3 = -\frac{c}{3}-\frac{3d}{5}x+cx^2+dx^3. \tag{4.1}$$

Por tanto,

$$\mathcal{P}_1^{\perp} = \left\{-\frac{c}{3}-\frac{3d}{5}x+cx^2+dx^3 : c,d\in\mathbb{R}\right\}.$$

Aunque hemos ya hallado lo que nos piden, vamos a profundizar un poco más.

¿Cuál es la dimensión de $\mathcal{P}_1^{\perp}$? Vemos que en (4.1) aparecen dos variables libres: c y d, por tanto, $\dim\mathcal{P}_1^{\perp} = 2$. Otra forma de ver esto es que, prácticamente ya hemos hallado una base de $\mathcal{P}_1^{\perp}$: a partir de (4.1) obtenemos que

$$q(x) = c\left(-\frac{1}{3}+x^2\right)+d\left(-\frac{3}{5}x+x^3\right).$$

Por tanto,

$$-\frac{1}{3}+x^2,\ -\frac{3}{5}x+x^3$$

son dos vectores que forman una base de $\mathcal{P}_1^{\perp}$, y por tanto, $\dim\mathcal{P}_1^{\perp} = 2$.

Además, observa que $\dim\mathcal{P}_1+\dim\mathcal{P}_1^{\perp} = 2+2 = 4 = \dim\mathcal{P}_3$.

Fin del ejemplo

4.5 Proyecciones sobre subespacios

El siguiente resultado es fundamental y muy importante.

Teorema 4.3. Existencia y unicidad de la proyección

Si U es un subespacio vectorial de dimensión finita de un espacio vectorial euclídeo V, entonces todo vector $\mathbf{v}$ de V se puede expresar de manera única como $\mathbf{v} = \mathbf{u}+\mathbf{w}$, siendo $\mathbf{u}\in U$, $\mathbf{w}\in U^{\perp}$.

El vector $\mathbf{v}$ se llama **la proyección** (ortogonal) de $\mathbf{v}$ sobre U y se denota $P_U(\mathbf{v})$.

Las siguientes líneas proporcionan un método para hallar la proyección de un vector $\mathbf{v}$ sobre un subespacio U conocida una base ortogonal $\{\mathbf{u}_1, \mathbf{u}_2, \dots, \mathbf{u}_n\}$. Sea $\mathbf{u} = P_U(\mathbf{v})$ la proyección de $\mathbf{v}$ sobre U (mira la figura de la derecha).

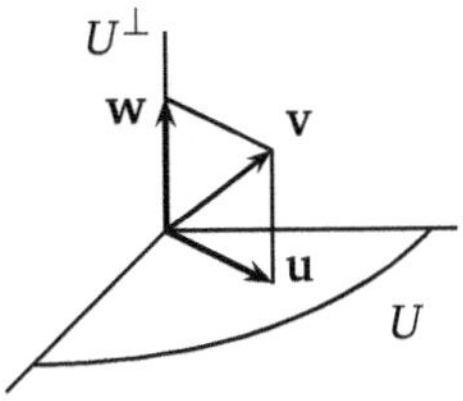

Como $\mathbf{v}-\mathbf{u}$ es ortogonal a U, entonces

$$0 = \langle \mathbf{v}-\mathbf{u}, \mathbf{u}_j \rangle = \langle \mathbf{v}, \mathbf{u}_j \rangle - \langle \mathbf{u}, \mathbf{u}_j \rangle, \qquad j = 1, \dots, n.$$

Puesto que $\mathbf{u} \in U$, el vector $\mathbf{u}$ se puede escribir en combinación lineal de la base de U, es decir, $\mathbf{u} = \alpha_1 \mathbf{u}_1 + \cdots + \alpha_n \mathbf{u}_n$. Luego

$$\langle \mathbf{u}, \mathbf{u}_j \rangle = \left\langle \sum_{i=1}^{n} \alpha_i \mathbf{u}_i, \mathbf{u}_j \right\rangle = \sum_{i=1}^{n} \alpha_i \langle \mathbf{u}_i, \mathbf{u}_j \rangle .$$

Obtenemos el siguiente sistema de n ecuaciones lineales con n incógnitas:

$$\sum_{i=1}^{n} \alpha_i \langle \mathbf{u}_i, \mathbf{u}_j \rangle = \langle \mathbf{v}, \mathbf{u}_j \rangle, \quad j = 1, \dots, n.$$

Pero si exigimos que la base de U sea ortogonal, es decir, $\langle \mathbf{u}_i, \mathbf{u}_j \rangle = 0$ si $i \neq j$, entonces

$$\alpha_j = \frac{\langle \mathbf{v}, \mathbf{u}_j \rangle}{\langle \mathbf{u}_j, \mathbf{u}_j \rangle}, \qquad j = 1, \dots, n.$$

Por lo que hemos llegado al siguiente teorema.

Teorema 4.4. Cálculo de proyecciones

Si U es un subespacio vectorial de un espacio vectorial euclídeo y $\{\mathbf{u}_1, \dots, \mathbf{u}_n\}$ es una base ortogonal, entonces

$$P_U(\mathbf{v}) = \frac{\langle \mathbf{v}, \mathbf{u}_1 \rangle}{\|\mathbf{u}_i\|^2} \mathbf{u}_1 + \cdots + \frac{\langle \mathbf{v}, \mathbf{u}_n \rangle}{\|\mathbf{u}_n\|^2} \mathbf{u}_n .$$

Es de destacar que este teorema es falso si la base no es ortogonal.

Ejemplo 4.9 Hallar la proyección de $\mathbf{x} \in \mathbb{R}^3$ sobre el plano $z = x + y$.

Llamamos π al plano.

Modo 1 (incompleto). Hallamos una base de π:

$$\begin{bmatrix} x \\ y \\ z \end{bmatrix} = \begin{bmatrix} x \\ y \\ x+y \end{bmatrix} = x \underbrace{\begin{bmatrix} 1 \\ 0 \\ 1 \end{bmatrix}}_{=\mathbf{u}} + y \underbrace{\begin{bmatrix} 0 \\ 1 \\ 1 \end{bmatrix}}_{=\mathbf{v}} .$$

Pero los vectores **u**, **v** no son ortogonales. Luego no se puede aplicar el teorema 5.4. Más adelante veremos cómo se acaba este problema si usamos este modo.

Modo 2. En vez de proyectar sobre π, proyectaremos sobre $\pi^\perp$. Sea $\mathbf{w} = [a\ b\ c]^T$ un vector de $\pi^\perp$. Por el teorema 5.2 tenemos que

$$0 = \langle \mathbf{w}, \mathbf{u} \rangle = a + c, \qquad 0 = \langle \mathbf{w}, \mathbf{v} \rangle = b + c.$$

Luego

$$\mathbf{w} = \begin{bmatrix} a \\ b \\ c \end{bmatrix} = \begin{bmatrix} -c \\ -c \\ c \end{bmatrix} = c \underbrace{\begin{bmatrix} -1 \\ -1 \\ 1 \end{bmatrix}}_{\mathbf{u}_1}.$$

Luego $\mathbf{u}_1 = [-1\ -1\ 1]^T$ es un vector que forma una base de $\pi^\perp$ (si sabes que un vector ortogonal al plano $Ax + By + Cz = D$ es $[A\,B\,C]^T$, puedes obtener este vector de forma más rápida; incluso puedes también hallar un vector normal al plano calculando $\mathbf{u} \times \mathbf{v}$). Ahora basta aplicar el teorema 5.4 para calcular la proyección de $\mathbf{x} = [x\ y\ z]^T$ sobre $\pi^\perp$ (con un solo sumando).

$$P_{\pi^\perp}(\mathbf{x}) = \frac{\langle \mathbf{x}, \mathbf{u}_1 \rangle}{\|\mathbf{u}_1\|^2} \mathbf{u}_1 = \frac{-x - y + z}{3} \begin{bmatrix} -1 \\ -1 \\ 1 \end{bmatrix}.$$

Y ahora usamos el teorema 5.3:

$$P_\pi(\mathbf{x}) = \mathbf{x} - P_{\pi^\perp}(\mathbf{x}) = \begin{bmatrix} x \\ y \\ z \end{bmatrix} - \frac{-x - y + z}{3} \begin{bmatrix} -1 \\ -1 \\ 1 \end{bmatrix} = \frac{1}{3} \begin{bmatrix} 2x - y + z \\ -x + 2y + z \\ x + y + 2z \end{bmatrix}.$$

Fin del ejemplo

Ejercicio 4.2 Expresa el vector $\mathbf{x} \in \mathbb{R}^3$ como $\mathbf{x} = \mathbf{u} + \mathbf{v}$, siendo $\mathbf{u}$ un múltiplo de $(1, 0, -1)^T$ y $\mathbf{v}$ perpendicular a $(1, 0, -1)^T$.

Ejemplo 4.10 Proyecta sobre $\mathscr{P}_1$ en $\mathscr{C}([-1, 1])$ la función $f(x) = e^x$ considerando el producto $\langle p, q \rangle = \int_{-1}^{1} p(x) q(x)\, \mathrm{d}x$.

La base canónica de $\mathscr{P}_1$ es ortogonal ya que $\langle 1, x \rangle = \int_{-1}^{1} x\, \mathrm{d}x = 0$, y por tanto podemos usar el teorema 5.4. La proyección de e^x sobre $\mathscr{P}_1$ es

$$\frac{\langle e^x, 1 \rangle}{\|1\|^2} + \frac{\langle e^x, x \rangle}{\|x\|^2} x.$$

Como $\|1\|^2 = \int_{-1}^{1} \mathrm{d}x = 2$ y $\|x\|^2 = \int_{-1}^{1} x^2\, \mathrm{d}x = 2/3$, entonces

$$\frac{\langle e^x, 1 \rangle}{\|1\|^2} + \frac{\langle e^x, x \rangle}{\|x\|^2} x = \frac{1}{2} \int_{-1}^{1} e^x\, \mathrm{d}x + \left(\frac{3}{2} \int_{-1}^{1} x e^x\, \mathrm{d}x \right) x.$$

la integrales son fáciles de hacer:

$$\int_{-1}^{1} e^x \,\mathrm{d}x = [e^x]_{-1}^{1} = e - e^{-1}.$$

$$\int_{-1}^{1} xe^x \,\mathrm{d}x = \left\{ \begin{array}{c} u = x \\ \mathrm{d}v = e^x \,\mathrm{d}x \end{array} \right\}$$

$$= [xe^x]_{-1}^{1} - \int_{-1}^{1} e^x \,\mathrm{d}x = e + e^{-1} - [e^x]_{-1}^{1} = e + e^{-1} - \left(e - e^{-1}\right) = 2e^{-1}.$$

Luego la proyección de e^x sobre $\mathscr{P}_1$ es

$$h(x) = \frac{e - e^{-1}}{2} + 3e^{-1}x.$$

En la figura siguiente puedes ver las gráficas de $f(x) = e^x$ y su proyección sobre $\mathscr{P}_1$, que veremos que es el polinomio de grado 1 que mejor aproxima a $f(x)$.

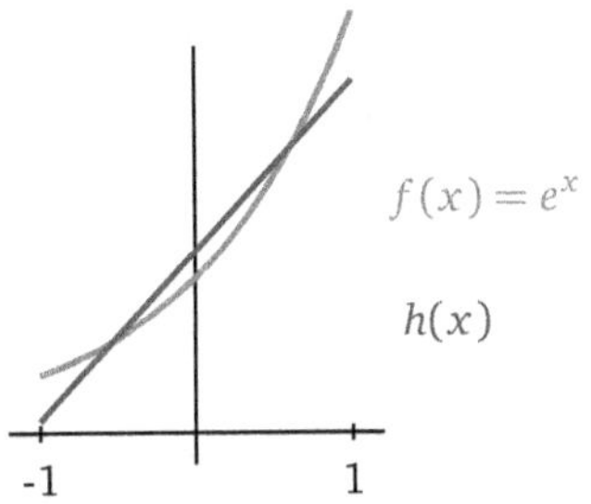

Fin del ejemplo

Observa que en este problema, da la casualidad de que los vectores 1,x son ortogonales. ¿Qué hubiéramos hecho si no lo son? En otro intervalo, $1, x$ dejan de ser ortogonales. Por ejemplo, en $[0,1]$ se tiene $\langle 1, x\rangle = \int_0^1 1 \cdot x \,\mathrm{d}x \neq 0$. Más adelante veremos cómo se resuelve esta situación.

El siguiente teorema es, probablemente, el más importante del tema.

Teorema 4.5. El teorema de la mejor aproximación

Sean U un subespacio de dimensión finita de un espacio euclídeo V y $\mathbf{v} \in V$. Si $\mathbf{u} \in U$ cumple $\mathbf{v} - \mathbf{u} \in U^{\perp}$ (es decir, $\mathbf{u} = P_U(\mathbf{v})$) entonces se verifica

$$\|\mathbf{v} - \mathbf{u}\| \leq \|\mathbf{v} - \mathbf{u}'\|, \qquad \forall\ \mathbf{u}' \in U.$$

Es interesante hacer la demostración del teorema. Mira la figura de al lado, ya que nos proporciona casi automáticamente la demostración: aplicar el teorema de Pitágoras aplicado al triángulo de vértices $\mathbf{u}$, $\mathbf{u}'$ y $\mathbf{v}$.

$$\|\mathbf{v} - \mathbf{u}'\|^2 = \|(\mathbf{v} - \mathbf{u}) + (\mathbf{u} - \mathbf{u}')\|^2 = \|\mathbf{v} - \mathbf{u}\|^2 + \|\mathbf{u} - \mathbf{u}'\|^2.$$

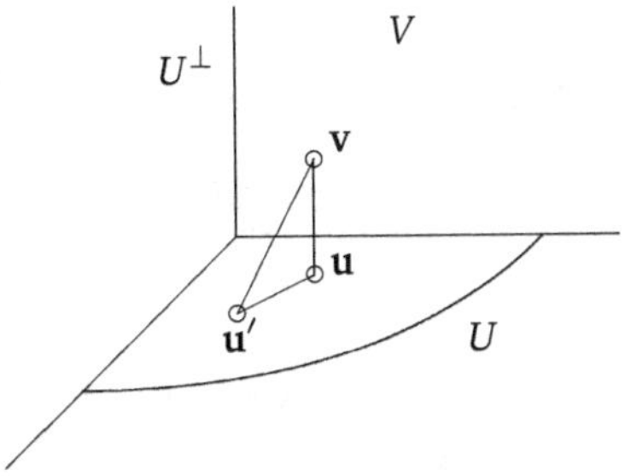

Luego se cumple el teorema 5.5

También la siguiente definición es intuitiva si miras el dibujo: la **distancia** de un vector $\mathbf{v}$ a un subespacio U es $\|\mathbf{v}-P_U(\mathbf{v})\|$.

El vector $\mathbf{u}$ es el elemento de U que mejor aproxima a $\mathbf{v}$. Por esto, a este teorema se le llama el teorema de la mejor aproximación. Observa que el ejemplo 5.9 calcula el vector del plano $z = x + y$ más proximo a $[x\ y\ z]^T$, mientras que el ejemplo 5.10 calcula el polinomio de grado 1 más próximo a e^x en el intervalo $[-1, 1]$. Por supuesto, si se quiere variar el intervalo de aproximación, se han de variar los límites en la integral definida del producto escalar.

Un hándicap del teorema 5.4 es que la base tiene que ser ortogonal. Esto se arregla con la sección siguiente.

4.6 Proceso de ortogonalización de Gram-Schmidt

Dados los vectores independientes $\mathbf{a}_1, \mathbf{a}_2, \ldots, \mathbf{a}_n$, obtendremos otros vectores $\mathbf{v}_1, \mathbf{v}_2, \ldots, \mathbf{v}_n$ ortogonales que generan el mismo subespacio.

La fórmula del primer vector $\mathbf{v}_1$ es muy fácil:

$$\mathbf{v}_1 = \mathbf{a}_1.$$

Para comprender la fórmula de $\mathbf{v}_2$ es conveniente que mires el dibujo de la izquierda de la figura siguiente:

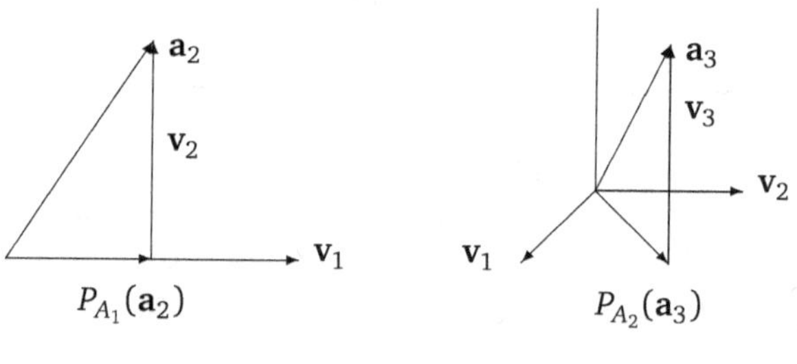

Si A_1 es el subespacio generado por $\mathbf{v}_1$, entonces $\mathbf{a}_2 - P_{A_1}(\mathbf{a}_2)$ es ortogonal a v_1. Definimos

$$\mathbf{v}_2 = \mathbf{a}_2 - \frac{\langle \mathbf{a}_2, \mathbf{v}_1 \rangle}{\|\mathbf{v}_1\|^2}\mathbf{v}_1.$$

Si A_2 es el subespacio generado por $\mathbf{v}_1, \mathbf{v}_2$, entonces $\mathbf{a}_3 - P_{A_2}(\mathbf{a}_3)$ es ortogonal a v_3. Definimos

$$\mathbf{v}_3 = \mathbf{a}_3 - \frac{\langle \mathbf{a}_3, \mathbf{v}_1 \rangle}{\|\mathbf{v}_1\|^2}\mathbf{v}_1 - \frac{\langle \mathbf{a}_3, \mathbf{v}_2 \rangle}{\|\mathbf{v}_2\|^2}\mathbf{v}_2,$$

y así sucesivamente. En general, se definen de forma recursiva

$$\mathbf{v}_k = \mathbf{a}_k - \sum_{i=1}^{k-1} \frac{\langle \mathbf{a}_k, \mathbf{v}_i \rangle}{\|\mathbf{v}_i\|^2}\mathbf{v}_i.$$

Ejemplo 4.11 Retomemos la primera manera del ejemplo 5.9.

Vamos a ortogonalizar por el proceso de Gram-Schmidt los vectores $\mathbf{a}_1 = [1\ 0\ 1]^T$ y $\mathbf{a}_2 = [0\ 1\ 1]^T$.

$$\mathbf{v}_1 = \mathbf{a}_1 = [1\ 0\ 1]^T.$$

$$\mathbf{v}_2 = \mathbf{a}_2 - \frac{\langle \mathbf{a}_2, \mathbf{v}_1 \rangle}{\|\mathbf{v}_1\|^2}\mathbf{v}_1 = [0\ 1\ 1]^T - \frac{1}{2}[1\ 0\ 1]^T = [-1/2\ \ 1\ \ 1/2]^T.$$

Como multiplicar por números preserva la ortogonalidad (pues no se alteran las direcciones), renombramos $\mathbf{v}_2 = [-1\ 2\ 1]^T$ para evitar fracciones.

Ahora sí que podemos usar el teorema 5.4. Si $\mathbf{x} = [x\ y\ z]^T$, entonces

$$P_\pi(\mathbf{x}) = \frac{\langle \mathbf{x}, \mathbf{v}_1 \rangle}{\|\mathbf{v}_1\|^2}\mathbf{v}_1 + \frac{\langle \mathbf{x}, \mathbf{v}_2 \rangle}{\|\mathbf{v}_2\|^2}\mathbf{v}_2 = \frac{x+z}{2}\begin{bmatrix} 1 \\ 0 \\ 1 \end{bmatrix} + \frac{-x+2y+z}{6}\begin{bmatrix} -1 \\ 2 \\ 1 \end{bmatrix} = \frac{1}{3}\begin{bmatrix} 2x-y+z \\ -x+2y+z \\ x+y+2z \end{bmatrix}.$$

Fin del ejemplo

Ejemplo 4.12 Hallar una base ortogonal de $\mathscr{P}_2$ con el producto $\langle p, q \rangle = \int_{-1}^{1} p(x)q(x)\,\mathrm{d}x$.

Primero partimos de la una base $\mathscr{P}_2$, por ejemplo, $1, x, x^2$. Ahora aplicamos el algoritmo de Gram-Schmidt:

1.º $p_1(x) = 1$.

2.º $p_2(x) = x - \dfrac{\langle x, 1 \rangle}{\|1\|^2}1.$

Cuidado: La norma del polinomio 1 no es 1, puesto que $\|1\|^2 = \langle 1, 1 \rangle = \int_{-1}^{1} \mathrm{d}x = 2$. Además, $\int_{-1}^{1} x\,\mathrm{d}x = 0$ puesto que $f(x) = x$ es impar.

$p_2(x) = x$.

3.º $p_3(x) = x^2 - \dfrac{\langle x^2, 1 \rangle}{\|1\|^2}1 - \dfrac{\langle x^2, x \rangle}{\|x\|^2}x = x^2 - \dfrac{\int_{-1}^{1} x^2\,\mathrm{d}x}{2} - \dfrac{\int_{-1}^{1} x^3\,\mathrm{d}x}{\|x\|^2}x = x^2 - \dfrac{1}{3}.$

Fin del ejemplo

Este proceso se puede continuar indefinidamente, obteniéndose los **polinomios de Legendre**.

Ejemplo 4.13 Calcular el polinomio de grado 2 que más se parece a x^{10} en $[-1, 1]$.

Consideramos el producto escalar $\langle p, q \rangle = \int_{-1}^{1} p(x)q(x)\mathrm{d}x$. La solución es la proyección de x^{10} sobre $\mathscr{P}_2$. Si p_1, p_2, p_3 son los polinomios de Legendre, entonces la siolución es

$$p(x) = \frac{\langle x^{10}, p_1 \rangle}{\|p_1\|^2}p_1 + \frac{\langle x^{10}, p_2 \rangle}{\|p_2\|^2}p_2 + \frac{\langle x^{10}, p_3 \rangle}{\|p_3\|^2}p_3.$$

$$\langle x^{10}, p_1 \rangle = \int_{-1}^{1} x^{10} \cdot 1 \, dx = 2/11, \qquad \|p_1\|^2 = \|1\|^2 = 2.$$

$$\langle x^{10}, p_2 \rangle = \int_{-1}^{1} x^{10} \cdot x \, dx = 0.$$

$$\langle x^{10}, p_3 \rangle = \int_{-1}^{1} x^{10} \cdot x^2 \, dx = 2/13,$$

Se puede calcular fácilmente

$$\|p_3\|^2 = \int_{-1}^{1} \left(x^2 - \frac{1}{3}\right)^2 dx = \frac{8}{45}$$

desarrollando el cuadrado de la resta. Luego la solución es

$$p(x) = \frac{1}{11} + \frac{2/13}{8/45}\left(x^2 - \frac{1}{3}\right).$$

Podemos ver debajo la función $f(x) = x^{10}$ y su proyección $p(x)$ sobre $\mathscr{P}_2$.

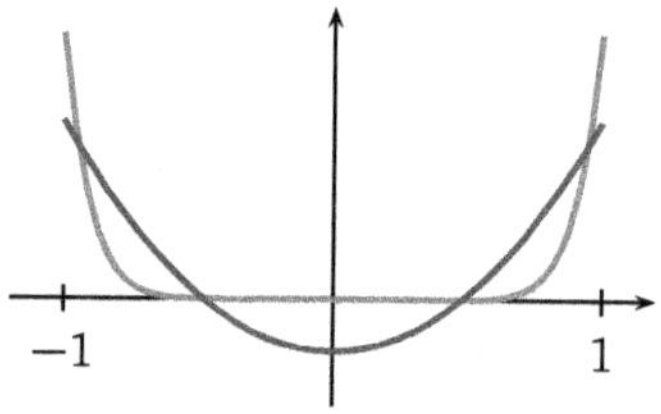

$f(x) = x^{10}$ $p(x)$ es la proyección de f sobre $\mathscr{P}_2$

Fin del ejemplo

Ejercicio 4.3 Considera el plano de ecuacion $x = y + z$ (denotado por π) y el giro de ángulo α alrededor de la recta perpendicular al plano π que pasa por el origen (denotado este giro por G_α). Observa que $\mathbf{u}_1 = (1,1,0)^T$ y $\mathbf{u}_2 = (1,0,1)^T$ es una base de π.

a) Comprueba que $\mathbf{u}_1$ y $\mathbf{u}_2$ no son ortogonales.

b) Ortogonaliza la base $\{\mathbf{u}_1, \mathbf{u}_2\}$,

c) Halla la proyección ortogonal de $\mathbf{v} = (x, y, z)^T$ sobre el plano π. Sea $P(\mathbf{v})$ esta proyección.

d) Halle expresiones escalares $f(\mathbf{v})$ y $g(\mathbf{v})$ tales que

$$P(\mathbf{v}) = f(\mathbf{v})\mathbf{v}_1 + g(\mathbf{v})\mathbf{v}_2. \tag{4.2}$$

e) Observa que el giro buscado deja fijos los vectores perpendiculares al plano π (es decir, $G_\alpha(\mathbf{n}) = \mathbf{n}$ para cualquier vector $\mathbf{n}$ perpendicular a π) y gira los vectores $\mathbf{v}_1$ y $\mathbf{v}_2$ de la siguiente manera:

$$G_\alpha(\mathbf{v}_1) = \cos\alpha\mathbf{v}_1 + \operatorname{sen}\alpha\mathbf{v}_2,$$
$$G_\alpha(\mathbf{v}_2) = -\operatorname{sen}\alpha\mathbf{v}_1 + \cos\alpha\mathbf{v}_2. \qquad (4.3)$$

Usa las igualdades (4.6) y (4.7) para expresar $G_\alpha(\mathbf{v})$ en función de $\mathbf{v}$ y de α, siendo $\mathbf{v}$ un vector arbitrario de $\mathbb{R}^3$.

4.7 Polinomios trigonométricos de Fourier

Planteemos el siguiente problema: representar una función $f(x)$ definida en $[-\pi, \pi]$ mediante combinación de senos y cosenos de distintas frecuencias (más, quizá, una constante).

Solución (esquemática)

- Proyectar la función f sobre el espacio generado por estas funciones.
- Se necesita un producto escalar en $\mathscr{C}([-\pi, \pi])$: $\langle g, h\rangle = \int_{-\pi}^{\pi} g(x)h(x)\,dxx$.
- Los vectores $1, \cos x, \operatorname{sen} x, \cos(2x), \operatorname{sen}(2x), \ldots$ son ¡ortogonales! (no comprobarlo)
- La solución es

$$\frac{\langle f, 1\rangle}{\|1\|^2} + \sum_{k=1}^{n} \frac{\langle f, \cos(kx)\rangle}{\|\cos(kx)\|^2}\cos(kx) + \frac{\langle f, \operatorname{sen}(kx)\rangle}{\|\operatorname{sen}(kx)\|^2}\operatorname{sen}(kx).$$

Pero

$$\|1\|^2 = \int_{-\pi}^{\pi} dx = 2\pi \qquad \text{y} \qquad \|\cos(kx)\|^2 = \|\operatorname{sen}(kx)\|^2 = \pi,$$

lo que motiva a definir lo siguiente:

Definición 4.5. Coeficientes de Fourier

Los **coeficientes de Fourier** de una función f definida en $[-\pi, \pi]$ son

$$a_k = \frac{1}{\pi}\int_{-\pi}^{\pi} f(x)\cos(kx)\,dx; \qquad k = 0, 1, 2, \ldots$$

$$b_k = \frac{1}{\pi}\int_{-\pi}^{\pi} f(x)\operatorname{sen}(kx)\,dx; \qquad k = 1, 2, 3, \ldots$$

Por tanto, se verifica el siguiente teorema.

Teorema 4.6.

Dada una función $f \in \mathscr{C}(-\pi,\pi)$. De todas las funciones $g(x)$ que son combinaciones lineales de

$$1, \cos x, \operatorname{sen} x, \cos(2x), \operatorname{sen}(2x), \ldots, \cos(nx), \operatorname{sen}(nx),$$

la que minimiza $\|f-g\|^2 = \int_{-\pi}^{\pi} [f(x)-g(x)]^2 \, \mathrm{d}x$ es

$$g(x) = \frac{a_0}{2} + \sum_{i=1}^{n} a_k \cos(kx) + b_k \operatorname{sen}(kx),$$

siendo a_k y b_k los coeficientes de Fourier de f.

Dos hechos sencillos que a veces facilitan enormemente los cálculos son los siguientes:

- f es par $\Rightarrow f(x)\operatorname{sen}(kx)$ es impar $\Rightarrow b_n = 0$.
- f es impar $\Rightarrow f(x)\cos(kx)$ es impar $\Rightarrow a_n = 0$.

Ejemplo 4.14 Calcular el polinomio trigonométrico de Fourier de $f(x) = x$ en $[-\pi,\pi]$.

Por ser impar, $a_n = 0, n \geq 0$. Y por ser f par,

$$b_k = \frac{2}{\pi}\int_0^{\pi} x \operatorname{sen}(kx)\,\mathrm{d}x$$

Si integramos por partes, $u = x$, $\mathrm{d}v = \operatorname{sen}(kx)\,\mathrm{d}x$. Luego $\mathrm{d}u = \mathrm{d}x$, $v = -\cos(kx)/k$. Observa que los índices de los coeficientes b_k no empiezan desde $k = 0$. Por tanto,

$$\begin{aligned} b_k &= \frac{2}{\pi}\left[\left[-x\frac{\cos(kx)}{k}\right]_0^{\pi} + \int_0^{\pi} \frac{\cos(kx)}{k}\,\mathrm{d}x\right] \\ &= \frac{2}{\pi}\left[-\frac{x\cos(kx)}{k} + \frac{\operatorname{sen}(kx)}{k^2}\right]_0^{\pi} = -\frac{2}{k}\cos(k\pi) = -\frac{2}{k}(-1)^{k+1}. \end{aligned}$$

Así,

$$f(x) \simeq 2\left(\operatorname{sen} x - \frac{\operatorname{sen} 2x}{2} + \frac{\operatorname{sen} 3x}{3} + \cdots + (-1)^{k+1}\frac{\operatorname{sen} kx}{k}\right).$$

Fin del ejemplo

Veamos algunas gráficas.

Gráfico de 2*sin(x)

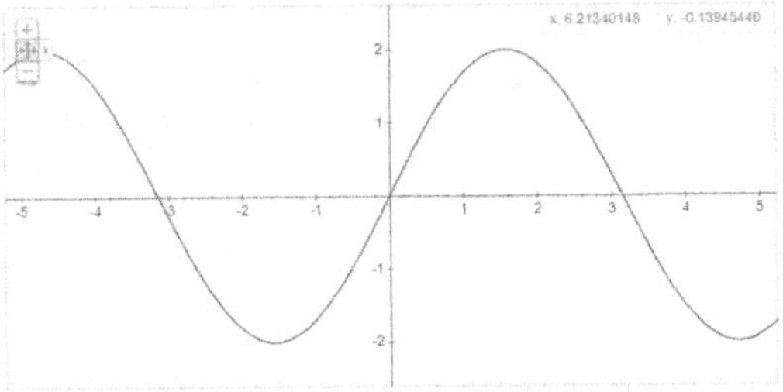

Gráfico de 2*sin(x)-sin(2*x)

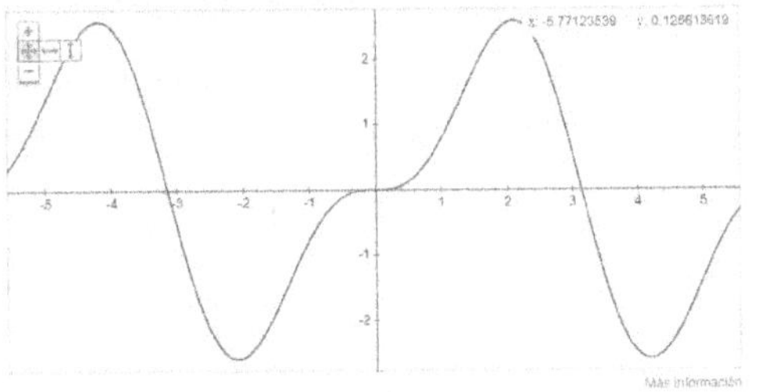

Gráfico de 2*sin(x)-sin(2*x)+2/3*sin(3*x)

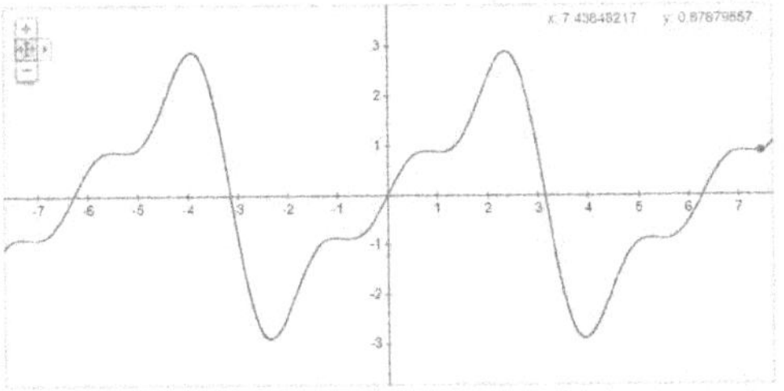

Gráfico de 2*sin(x)-sin(2*x)+2/3*sin(3*x)-2/4*sin(4*x)

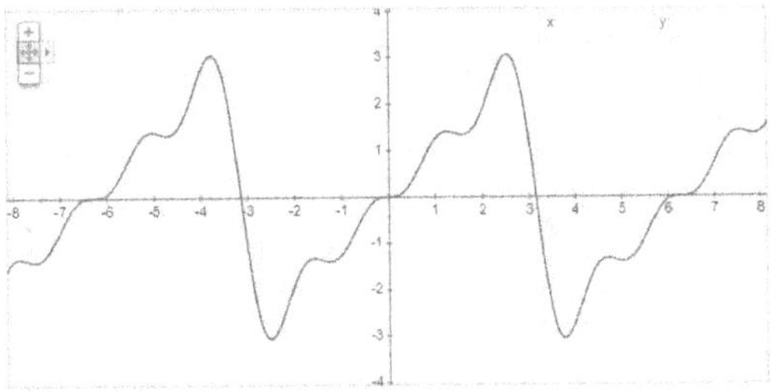

Si la función f tiene un periodo arbitrario $2L$, hay que usar las siguientes expresiones. Sea $f:[-L,L]\to\mathbb{R}$, los coeficientes de Fourier de f son

$$a_n=\frac{1}{L}\int_{-L}^{L} f(x)\cos\frac{n\pi}{L}x\,\mathrm{d}x, \quad n=0,1,2,\ldots,$$

$$b_n=\frac{1}{L}\int_{-L}^{L} f(x)\,\mathrm{sen}\frac{n\pi}{L}x\,\mathrm{d}x, \quad n=1,2,3,\ldots,$$

y el polinomio trigonométrico de f es

$$\frac{a_0}{2}+\sum_{n=1}^{N} a_n\cos\frac{n\pi}{L}x+b_n\,\mathrm{sen}\frac{n\pi}{L}x.$$

4.8 Factorización QR

Recuerda que los vectores $\mathbf{u}_1,\mathbf{u}_2,\ldots$ son **ortonormales** si son ortogonales y además, $\|\mathbf{u}_i\|=1$ para todo i.

Teorema 4.7. Factorización QR

Cualquier matriz A con columnas linealmente independientes puede factorizarse como $A=QR$,

- Q es una matriz del mismo orden que A con columnas ortonormales.

- R es triangular superior e invertible.

Este teorema tiene una demostración constructiva, que se obtiene aplicando el proceso de ortogonalización de Gram-Schmidt aplicado a las columnas de A. Se ve muy bien con un ejemplo.

Ejemplo 4.15 Obtener la factorización QR de

$$A = \begin{bmatrix} 1 & 2 & 1 \\ 0 & 3 & 0 \\ 0 & 0 & 4 \\ 0 & 0 & 1 \end{bmatrix}.$$

Las columnas de A son

$$\mathbf{a}_1 = \begin{bmatrix} 1 \\ 0 \\ 0 \\ 0 \end{bmatrix}, \quad \mathbf{a}_2 = \begin{bmatrix} 2 \\ 3 \\ 0 \\ 0 \end{bmatrix}, \quad \mathbf{a}_3 = \begin{bmatrix} 1 \\ 0 \\ 4 \\ 1 \end{bmatrix}.$$

$$\mathbf{v}_1 = \mathbf{a}_1 = (1,0,0,0)^T.$$

$$\mathbf{v}_2 = \mathbf{a}_2 - \frac{\langle \mathbf{a}_2, \mathbf{v}_1 \rangle}{\|\mathbf{v}_1\|^2}\mathbf{v}_1 = \mathbf{a}_2 - \frac{2}{1}\mathbf{v}_1 = \mathbf{a}_2 - 2\mathbf{v}_1 = (0,3,0,0)^T.$$

$$\mathbf{v}_3 = \mathbf{a}_3 - \frac{\langle \mathbf{a}_3, \mathbf{v}_1 \rangle}{\|\mathbf{v}_1\|^2}\mathbf{v}_1 - \frac{\langle \mathbf{a}_3, \mathbf{v}_2 \rangle}{\|\mathbf{v}_2\|^2}\mathbf{v}_2 = \mathbf{a}_3 - \mathbf{v}_1 = (0,0,4,1)^T.$$

Expresamos las columnas de A en función de la base ortogonal.

$$A = [\mathbf{a}_1|\mathbf{a}_2|\mathbf{a}_3] = [\mathbf{v}_1|2\mathbf{v}_1 + \mathbf{v}_2|\mathbf{v}_1 + \mathbf{v}_3] = [\mathbf{v}_1|\mathbf{v}_2|\mathbf{v}_3] \begin{bmatrix} 1 & 2 & 1 \\ 0 & 1 & 0 \\ 0 & 0 & 1 \end{bmatrix}.$$

Ahora normalizamos los vectores $\mathbf{v}_i$. Definimos $\mathbf{q}_i = \mathbf{v}_i / \|\mathbf{v}_i\|$.

$$A = \begin{bmatrix} \frac{\mathbf{v}_1}{\|\mathbf{v}_1\|} & \frac{\mathbf{v}_2}{\|\mathbf{v}_2\|} & \frac{\mathbf{v}_3}{\|\mathbf{v}_3\|} \end{bmatrix} \begin{bmatrix} \|\mathbf{v}_1\| & 0 & 0 \\ 0 & \|\mathbf{v}_2\| & 0 \\ 0 & 0 & \|\mathbf{v}_3\| \end{bmatrix} \begin{bmatrix} 1 & 2 & 1 \\ 0 & 1 & 0 \\ 0 & 0 & 1 \end{bmatrix}$$

$$= \underbrace{[\mathbf{q}_1\ \mathbf{q}_2\ \mathbf{q}_3]}_{Q} \underbrace{\begin{bmatrix} \|\mathbf{v}_1\| & 0 & 0 \\ 0 & \|\mathbf{v}_2\| & 0 \\ 0 & 0 & \|\mathbf{v}_3\| \end{bmatrix} \begin{bmatrix} 1 & 2 & 1 \\ 0 & 1 & 0 \\ 0 & 0 & 1 \end{bmatrix}}_{R}.$$

$$Q = \begin{bmatrix} 1 & 0 & 0 \\ 0 & 1 & 0 \\ 0 & 0 & 4/\sqrt{17} \\ 0 & 0 & 1/\sqrt{17} \end{bmatrix}, \quad R = \begin{bmatrix} 1 & 0 & 0 \\ 0 & 3 & 0 \\ 0 & 0 & \sqrt{17} \end{bmatrix} \begin{bmatrix} 1 & 2 & 1 \\ 0 & 1 & 0 \\ 0 & 0 & 1 \end{bmatrix} = \begin{bmatrix} 1 & 2 & 1 \\ 0 & 6 & 0 \\ 0 & 0 & \sqrt{17} \end{bmatrix}.$$

Fin del ejemplo

Ejercicio 4.4 Halla la factorización QR de

$$A = \begin{bmatrix} 1 & 0 & 1 \\ 1 & 1 & 0 \\ 0 & 0 & 1 \\ 0 & 1 & 0 \end{bmatrix}.$$

4.9 Mínimos cuadrados, ecuaciones normales

4.9.1 Introducción

Veamos un ejemplo. Para modelar un dispositivo se hacen una serie de experimentos consistentes en introducir una señal, x, y medir la respuesta, y, que el dispositivo proporciona. Se obtiene la siguiente tabla de parejas de señales y respuestas respectivas:

x	1.1	1.6	2.9	3.0	4.3	4.8
y	4.9	13.5	39	45	87.6	110

Si suponemos que x e y siguen la relación

$$y = a + bx + cx^2,$$

¿cómo hallamos los parámetros a, b y c?

Si se exige que todos los puntos cumplan la ecuación se obtiene el sistema

$$\left\{\begin{array}{rcl} y_1 & = & a + bx_1 + cx_1^2 \\ y_2 & = & a + bx_2 + cx_2^2 \\ y_3 & = & a + bx_3 + cx_3^2 \\ y_4 & = & a + bx_4 + cx_4^2 \\ y_5 & = & a + bx_5 + cx_5^2 \\ y_6 & = & a + bx_6 + cx_6^2 \end{array}\right. \quad \Rightarrow \quad \begin{bmatrix} 1 & x_1 & x_1^2 \\ 1 & x_2 & x_2^2 \\ 1 & x_3 & x_3^2 \\ 1 & x_4 & x_4^2 \\ 1 & x_5 & x_5^2 \\ 1 & x_6 & x_6^2 \end{bmatrix} \begin{bmatrix} a \\ b \\ c \end{bmatrix} = \begin{bmatrix} y_1 \\ y_2 \\ y_3 \\ y_4 \\ y_5 \\ y_6 \end{bmatrix}$$

Pero... Este sistema, $A\mathbf{x} = \mathbf{b}$, es incompatible. El dispositivo no se puede modelar, o bien, no es un dispositivo real, o no existe (¿?).

Veamos otro ejemplo. Tres estaciones de radar situadas en los puntos

$$A = (0,0), \qquad B = (0,5), \qquad C = (9,0)$$

reciben una señal de socorro. El radar A estima que la señal se emite en un punto situado en $x = 2y$, el B usa la recta $x + y = 5$ y el C usa la recta $x/2 + y/9 = 1$.

Pero este sistema es incompatible.

4.9.2 Ecuaciones normales

Partimos de un sistema de ecuaciones $A\mathbf{x} = \mathbf{b}$ *incompatible*, es decir, $||A\mathbf{x} - \mathbf{b}||$ nunca será 0. Pero queremos encontrar $\mathbf{x}_0$ que minimice $||A\mathbf{x} - \mathbf{b}||$. Es decir, este $\mathbf{x}_0$ debe cumplir

$$||A\mathbf{x}_0 - \mathbf{b}||^2 \leq ||A(\mathbf{x}_0 + \lambda\mathbf{u}) - \mathbf{b}||^2 \tag{4.4}$$

para todo $\lambda \in \mathbb{R}$ y vector $\mathbf{u}$. Se tiene

$$||A(\mathbf{x}_0 + \lambda\mathbf{u}) - \mathbf{b}||^2 = ||\lambda A\mathbf{u} + A\mathbf{x}_0 - \mathbf{b}||^2 = \lambda^2 ||A\mathbf{u}|| + ||A\mathbf{x}_0 - \mathbf{b}||^2 + 2\lambda (A\mathbf{u})^T (A\mathbf{x}_0 - \mathbf{b}).$$

Luego si usamos (4.4),

$$0 \leq \lambda^2 ||A\mathbf{u}|| + 2\lambda (A\mathbf{u})^T (A\mathbf{x}_0 - \mathbf{b}). \tag{4.5}$$

Si $\lambda > 0$, dividiendo por λ en (4.5) logramos $0 \leq \lambda ||A\mathbf{u}|| + 2(A\mathbf{u})^T (A\mathbf{x}_0 - \mathbf{b})$, y si ahora hacemos $\lambda \to 0$, entonces $0 \leq (A\mathbf{u})^T (A\mathbf{x}_0 - \mathbf{b})$.

Si $\lambda < 0$, un razonamiento similar prueba que $0 \geq (A\mathbf{u})^T (A\mathbf{x}_0 - \mathbf{b})$. Luego

$$0 = (A\mathbf{u})^T (A\mathbf{x}_0 - \mathbf{b}).$$

Si usamos $(A\mathbf{u})^T = \mathbf{u}^T A^T$ y que el vector $\mathbf{u}$ es completamente arbitrario, logramos $\mathbf{0} = A^T (A\mathbf{x}_0 - \mathbf{b})$. De aquí es trivial obtener el siguiente teorema.

Teorema 4.8. Minimización de $||A\mathbf{x} - \mathbf{b}||$

Dado el sistema $A\mathbf{x} = \mathbf{b}$, si $\mathbf{x}_0$ minimiza $||A\mathbf{x} - \mathbf{b}||$, entonces

$$A^T A\mathbf{x}_0 = A^T \mathbf{b}.$$

Definición 4.6. Ecuaciones normales

Las ecuaciones $A^T A\mathbf{x}_0 = A^T \mathbf{b}$ se las denomina **ecuaciones normales.** A $||A\mathbf{x}_0 - \mathbf{b}||^2$ se le llama **error cuadrático.**

Algunas propiedades del sistema de ecuaciones normales son las siguienetes

- $A^T A$ es simétrica.
- Las ecuaciones normales es un sistema **compatible.**

4.9.3 Las ecuaciones normales y la factorización QR

Si las columnas de A son independientes, se puede usar la factorización QR:

$$A^T A\mathbf{x}_0 = A^T \mathbf{b} \quad \Rightarrow \quad (QR)^T (QR)\mathbf{x}_0 = (QR)^T \mathbf{b} \quad \Rightarrow \quad R^T Q^T QR\mathbf{x}_0 = R^T Q^T \mathbf{b}$$

$$\Rightarrow \quad R\mathbf{x}_0 = Q^T \mathbf{b}. \quad \text{(¡un sistema triangular!)}$$

Teorema 4.9. Las ecuaciones normales y la factorización QR

Si $A = QR$ es la factoriación QR de A, entonces las ecuaciones normales son equivalentes a

$$R\mathbf{x}_0 = Q^T\mathbf{b}.$$

Ejemplo 4.16 Para averiguar la magnitud w que posee un objeto, se hacen n medidas obteniendo los valores $w_1, \ldots, w_n$. ¿Qué valor de w es el más razonable?

El sistema $w = w_1, \ldots, w = w_n$ es incompatible (a no ser que todas las w_i sean iguales, que no suele pasar). Este sistema se escribe de forma matricial como

$$\underbrace{\begin{bmatrix} 1 \\ \vdots \\ 1 \end{bmatrix}}_{=A} w = \underbrace{\begin{bmatrix} w_1 \\ \vdots \\ w_n \end{bmatrix}}_{=\mathbf{b}}.$$

Observa que $A^T A = n$ y $A^T\mathbf{b} = w_1 + \cdots + w_n$. Luego el sistema de ecuaciones normales, $A^T A w = A^T\mathbf{b}$ se reduce a $nw = w_1 + \cdots + w_n$. Luego,

$$w = \frac{w_1 + \cdots + w_n}{n},$$

la media aritmética de las medidas.

Fin del ejemplo

4.10 Ajuste de datos

4.10.1 Ajuste lineal

Si se espera una relación lineal $y = a + bx$ entre los datos

X	x_1	$\cdots$	x_m
Y	y_1	$\cdots$	y_m

en vez de usar $y = a + bx$, usaremos $y = c + d(x - \overline{x})$, siendo $\overline{x}$ la media aritmética de x. Planteamos

$$\begin{bmatrix} 1 & x_1 - \overline{x} \\ \vdots & \vdots \\ 1 & x_m - \overline{x} \end{bmatrix} \begin{bmatrix} c \\ d \end{bmatrix} = \begin{bmatrix} y_1 \\ \vdots \\ y_m \end{bmatrix}.$$

Las ecuaciones normales son

$$\begin{bmatrix} 1 & \cdots & 1 \\ x_1-\overline{x} & \cdots & x_m-\overline{x} \end{bmatrix} \begin{bmatrix} 1 & x_1-\overline{x} \\ \vdots & \vdots \\ 1 & x_m-\overline{x} \end{bmatrix} \begin{bmatrix} c \\ d \end{bmatrix} = \begin{bmatrix} 1 & \cdots & 1 \\ x_1-\overline{x} & \cdots & x_m-\overline{x} \end{bmatrix} \begin{bmatrix} y_1 \\ \vdots \\ y_m \end{bmatrix}.$$

Ahora,

$$\sum(x_i-\overline{x}) = \sum x_i - \sum \overline{x} = n\overline{x} - n\overline{x} = 0.$$

Por lo que las ecuaciones normales se simplifican a

$$\begin{bmatrix} m & 0 \\ 0 & \sum(x_i-\overline{x})^2 \end{bmatrix} \begin{bmatrix} c \\ d \end{bmatrix} = \begin{bmatrix} \sum y_i \\ \sum(x_i-\overline{x})y_i \end{bmatrix}.$$

Es un sistema trivial de resolver.

$$c = \overline{y}, \qquad d = \frac{\sum(x_i-\overline{x})y_i}{\sum(x_i-\overline{x})^2}.$$

Observa que el numerador de d es

$$\sum(x_i-\overline{x})y_i = \sum x_i y_i - \overline{x}\sum y_i = m(\overline{xy} - \overline{x}\cdot\overline{y}),$$

dividiendo en la fracción de d arriba y abajo por m se tiene

$$d = \frac{\overline{xy} - \overline{x}\cdot\overline{y}}{(\sum(x_i-\overline{x})^2)/m}.$$

El denominador de d se llama la **varianza** de x, y mide el grado de dispersión de x.

Teorema 4.10. Ajuste lineal

La recta que mejor ajusta a los puntos $(x_1, y_1), \ldots, (x_m, y_m)$ es

$$y = \overline{y} + \frac{\overline{xy} - \overline{x}\cdot\overline{y}}{(\sum(x_i-\overline{x})^2)/m}(x-\overline{x}).$$

Ejercicio 4.5 Se obtiene la siguiente tabla de valores obtenida empíricamente que relaciona las variables x e y:

x	1	2	3	4
y	−1	2	4	6

a) Halla la recta de ecuación $y = a + b(x-\bar{x})$ que mejor se ajusta a los datos.

b) Estima el valor de y cuando $x = 2.5$.

4.10.2 Ajuste cuadrático

Si quiero ajustar la tabla de puntos anterior a la parábola $y = a + bx + cx^2$, planteamos

$$\underbrace{\begin{bmatrix} 1 & x_1 & x_1^2 \\ \vdots & \vdots & \vdots \\ 1 & x_m & x_m^2 \end{bmatrix}}_{A} \underbrace{\begin{bmatrix} a \\ b \\ c \end{bmatrix}}_{\mathbf{x}} = \underbrace{\begin{bmatrix} y_1 \\ \vdots \\ y_m \end{bmatrix}}_{\mathbf{b}}.$$

Las ecuaciones normales son $A^T A\mathbf{x} = A^T\mathbf{b}$.

4.10.3 Modelos lineales

El ajuste lineal y el cuadrático son casos particulares de ajustar por medio de funciones de la forma

$$y(x) = a_1\phi_1(x) + a_2\phi_2(x) + \cdots + a_n\phi_n(x),$$

donde las funciones ϕ_i son conocidas de antemano. Se trata de hallar $a_1, \ldots, a_n$.

$$\underbrace{\begin{bmatrix} \phi_1(x_1) & \phi_2(x_1) & \cdots & \phi_n(x_1) \\ \phi_1(x_2) & \phi_2(x_2) & \cdots & \phi_n(x_2) \\ \vdots & \vdots & \ddots & \vdots \\ \phi_1(x_m) & \phi_2(x_m) & \cdots & \phi_n(x_m) \end{bmatrix}}_{A} \underbrace{\begin{bmatrix} a_1 \\ a_2 \\ \vdots \\ a_n \end{bmatrix}}_{\mathbf{x}} = \underbrace{\begin{bmatrix} y_1 \\ y_2 \\ \vdots \\ y_m \end{bmatrix}}_{\mathbf{b}}.$$

Las ecuaciones normales son $A^T A\mathbf{x} = A^T\mathbf{b}$.

4.10.4 Linealización

Algunos modelos no lineales se pueden linealizar. Veamos un ejemplo

Ejemplo 4.17 En un caldo de cultivo se halla una colonia de bacterias en crecimiento. Para averiguar el ritmo de crecimiento se cuenta el número de bacterias en el tiempo t, obteniéndose esta tabla:

t (tiempo)	0	1	2	3	4
n (bacterias)	20	41	83	170	331

Por razones teóricas se supone que las variables n y t están relacionadas por $n = \alpha \exp(\beta t)$.

$$n = \alpha e^{\beta t} \qquad \Rightarrow \qquad \log n = \log \alpha + \beta t$$

$$\underbrace{\begin{bmatrix} \log n_1 \\ \vdots \\ \log n_m \end{bmatrix}}_{\mathbf{b}} = \underbrace{\begin{bmatrix} 1 & t_1 \\ \vdots & \vdots \\ 1 & t_m \end{bmatrix}}_{A} \underbrace{\begin{bmatrix} \log a \\ b \end{bmatrix}}_{\mathbf{x}}$$

Las ecuaciones normales son

$$A^T\mathbf{b} = A^T A\mathbf{x}.$$

Fin del ejemplo

Este modelo no lineal no es único; pero las manipulaciones son sencillas. Por ejemplo si la la ley es $n = 1/(a+bt)$, entonces, $1 = an + bnt$, expresión que se puede modelar mediante matrices, ya que si forzamos que el punto (t_i, n_i) cumple la relación, entonces $1 = at_i + bn_i t_i$, expresión lineal ya que las incógnitas son a y b.

4.11 Ejercicios

1. Sea $\mathbf{u} = (1,0,1,0)^T$ y $\mathbf{v} = (0,1,1,2)^T$. Calcula $\|\mathbf{u}\|$, $\|\mathbf{v}\|$ y $\langle \mathbf{u}, \mathbf{v} \rangle$.

2. Calcula $\langle 1, x \rangle$, $\|1\|$, $\|x\|$ considerando en $\mathscr{P}_1$ el producto escalar $\langle p, q \rangle = \int_0^1 p(x)dx$. ¿Son $1, x$ ortogonales?

3. Sean $\mathbf{u}$ y $\mathbf{v}$ dos vectores de un espacio euclídeo tales que $\|\mathbf{u}\|^2 = \|\mathbf{v}\|^2 = 1$ y $\langle \mathbf{u}, \mathbf{v} \rangle = 0$. Haga un dibujo sobre los vectores $\mathbf{u}$ y $\mathbf{v}$. Calcule $\|\mathbf{u} - \mathbf{v}\|$.

4. Sean $\mathbf{u}$ y $\mathbf{v}$ dos vectores de un espacio euclídeo. Simplifique $\|\mathbf{u}+\mathbf{v}\|^2 + \|\mathbf{u}-\mathbf{v}\|^2$. Interprete geométricamente el resultado.

5. Si $\mathbf{u}, \mathbf{v}$ cumplen $\|\mathbf{u}+\mathbf{v}\| = \|\mathbf{u}-\mathbf{v}\|$, ¿cuánto vale $\langle \mathbf{u}, \mathbf{v} \rangle$? Interprete su solución de forma geométrica.

6. Si el dibujo izquierdo de la figura siguiente representa un cubo, halle el ángulo que forman los segmentos dibujados con líneas discontinuas. Ayuda: Sitúe el cubo en un sistema coordenado de modo que el punto donde se cortan los segmentos discontinuos sea el origen y use la fórmula $\langle \mathbf{u}, \mathbf{v} \rangle = \|\mathbf{u}\| \|\mathbf{v}\| \cos\phi$, siendo ϕ el ángulo que forman los vectores $\mathbf{u}$ y $\mathbf{v}$

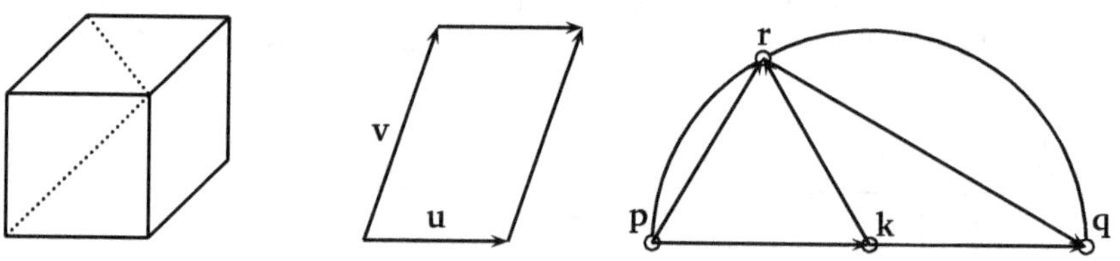

7. Pruebe que un paralelogramo es un rombo si y sólamente si las dos diagonales se cortan perpendicularmente. Ayuda: Fíjese en el dibujo central de la figura. Exprese las diagonales en términos de $\mathbf{u}$ y $\mathbf{v}$ y pruebe que el producto escalar de las diagonales es 0.

8. Sea $\overline{\mathbf{pq}}$ un diámetro de una circunferencia de centro $\mathbf{k}$. Si $\mathbf{r}$ es un punto de esta circunferencia, pruebe que los segmentos $\overline{\mathbf{pr}}$ y $\overline{\mathbf{rq}}$ son perpendiculares. Ayuda: Si $\mathbf{u} = \overrightarrow{\mathbf{pk}} = \overrightarrow{\mathbf{kq}}$ y $\mathbf{v} = \overrightarrow{\mathbf{kr}}$, exprese $\overrightarrow{\mathbf{pr}}$ y $\overrightarrow{\mathbf{rq}}$ en función de $\mathbf{u}$ y $\mathbf{v}$ y a continuación pruebe que $\langle \overrightarrow{\mathbf{pr}}, \overrightarrow{\mathbf{rq}} \rangle = 0$.

9. En $\mathbb{R}^4$, exprese el vector $\mathbf{v} = (x, y, z, t)^T$ como suma de dos vectores: un vector $\mathbf{u} \in \mathscr{H}$ y un vector $\mathbf{w} \in \mathscr{H}^\perp$, siendo $\mathscr{H} = \{(x, y, z, t) \in \mathbb{R}^4 : x = y + z + t\}$.

10. Se considera el plano de $\mathbb{R}^3$ de ecuación $x = y + z$.

    a) Determine una base de este plano.
    b) Halle una base ortonormal que genere el mismo subespacio que la base anterior.
    c) Halle la descomposición QR de la matriz cuyas columnas son los vectores de la base del plano encontrada en el apartado a).
    d) Halle la proyección ortogonal del vector $(0, 1, 0)^T$ sobre el plano.
    e) Halle la mínima distancia del vector $(0, 1, 0)^T$ al plano.

11. Se tiene la matriz

$$A = \begin{bmatrix} 4 & 0 & 0 & 0 \\ 0 & 3 & 1 & -3 \\ 0 & 1 & 3 & -3 \\ 0 & 1 & 1 & -1 \end{bmatrix}.$$

    a) Calcule los valores propios.
    b) Calcule los vectores propios. ¿Es diagonalizable la matriz A?
    c) Determine la proyección ortogonal del vector $\mathbf{v} = (1, 1, 1, 1)^T$ sobre el subespacio propio asociado a $\lambda = 2$.

12. Sea $\mathscr{V}$ el subespacio de $\mathbb{R}^4$ generado por los vectores $\mathbf{a}_1 = (1, 1, 0, 0)^T$, $\mathbf{a}_2 = (1, 1, 1, 1)^T$ y $\mathbf{a}_3 = (0, 1, 2, 1)^T$.

    a) ¿Cuál es la dimensión de $\mathscr{V}$?
    b) Calcule los vectores de $\mathbb{R}^4$ ortogonales a $\mathbf{a}_1$, $\mathbf{a}_2$ y $\mathbf{a}_3$. Observe que está obteniendo una recta en $\mathbb{R}^4$.
    c) Calcule la proyección de un vector arbitrario $\mathbf{u}$ sobre $\mathscr{V}$ como la resta entre $\mathbf{u}$ y la proyección de $\mathbf{u}$ sobre la recta obtenida en el apartado b).
    d) Calcule los vectores $\mathbf{x}$ tales que $P\mathbf{x} = \mathbf{0}$, siendo $P\mathbf{x}$ la proyección de $\mathbf{x}$. ¿Qué relación hay con el apartado b)?

13. En la programación de juegos de ordenador es importante el estudio de las transformaciones geométricas, pues los objetos, a menudo, deben ser girados, escalados, ...

    En este problema se estudiará la rotación en $\mathbb{R}^3$ alrededor de un eje que pasa por el origen. Considere el plano de ecuacion $x = y + z$ (denotado por π) y el giro de ángulo α alrededor de la recta perpendicular al plano π que pasa por el origen (denotado este giro por G_α). Se puede probar que G_α es lineal. Observe que $\mathbf{u}_1 = (1, 1, 0)^T$ y $\mathbf{u}_2 = (1, 0, 1)^T$ es una base de π.

a) Compruebe que $\mathbf{u}_1$ y $\mathbf{u}_2$ no son ortogonales.

b) Ortogonalice la base $\{\mathbf{u}_1, \mathbf{u}_2, \mathbf{u}_3\}$, donde $\mathbf{u}_3 = (0,0,1)^T$. Sea $\{\mathbf{v}_1, \mathbf{v}_2, \mathbf{v}_3\}$ la base ortogonalizada. ¿Qué relación tiene $\mathbf{v}_3$ con el plano π?

c) Halle el elemento del plano π más próximo a $\mathbf{v} = (x, y, z)^T$. En otras palabras, halle la proyección ortogonal de $\mathbf{v}$ sobre el plano π. Sea P la matriz tal que $P\mathbf{v}$ es esta proyección.

d) Halle los valores y vectores de P. ¿Qué relación hay entre el plano π y los vectores propios?

e) Halle expresiones escalares $f(\mathbf{v})$ y $g(\mathbf{v})$ tales que

$$P(\mathbf{v}) = f(\mathbf{v})\mathbf{v}_1 + g(\mathbf{v})\mathbf{v}_2. \tag{4.6}$$

f) Observe que el giro buscado deja fijos los vectores perpendiculares al plano π (es decir, $G_\alpha(\mathbf{n}) = \mathbf{n}$ para cualquier vector $\mathbf{n}$ perpendicular a π) y gira los vectores $\mathbf{v}_1$ y $\mathbf{v}_2$ de la siguiente manera:

$$G_\alpha(\mathbf{v}_1) = \cos\alpha\mathbf{v}_1 + \operatorname{sen}\alpha\mathbf{v}_2, \qquad G_\alpha(\mathbf{v}_2) = -\operatorname{sen}\alpha\mathbf{v}_1 + \cos\alpha\mathbf{v}_2. \tag{4.7}$$

Use las igualdades (4.6) y (4.7) para expresar $G_\alpha(\mathbf{v})$ en función de $\mathbf{v}$ y de α, siendo $\mathbf{v}$ un vector arbitrario de $\mathbb{R}^3$.

14. Una **altura** de un triángulo es la recta que pasa por un vértice y es perpendicular al lado opuesto del vérice. Obviamente, un triángulo tiene tres alturas y se conoce (desde la época de Euclides) que las tres alturas de un triángulo se cortan en un sólo punto, llamado **ortocentro**.

    Considere el triángulo isósceles de vértices **a**, **b** y **c** de modo que las longitudes de los lados $\overline{\mathbf{ac}}$ y $\overline{\mathbf{bc}}$ son iguales. Si $2a$ es la longitud del lado $\overline{\mathbf{ab}}$ y h es la distancia de **c** al lado $\overline{\mathbf{ab}}$, halle la distancia del ortocentro al lado $\overline{\mathbf{ab}}$. Ayuda: Puede suponer (situando los ejes coordenados) que los puntos **a** y **b** están situados en $(-a,0)^T$ y $(a,0)^T$, respectivamente. Razone dónde se **debe** situar el punto **c** y halle a continuación el ortocentro.

15. En el espacio de las funciones continuas definidas en $[-1,1]$ se considera el producto escalar $\langle f, g\rangle = \int_{-1}^{1} f(x)g(x)\mathrm{d}x$. Halle la proyeción ortogonal de $f(x) = \cos x$ sobre el subespacio de los polinomios de grado menor o igual que 2. Observe que en realidad está hallando el polinomio de grado menor o igual que 2, sea $p(x)$ tal que

$$\int_{-1}^{1} (\cos x - p(x))^2\,\mathrm{d}x \leq \int_{-1}^{1} (\cos x - q(x))^2\,\mathrm{d}x,$$

    para todo polinomio q de grado menor o igual que 2. Piense en la paridad de las funciones.

16. Sea la función

$$f(x) = \begin{cases} 1 & \text{si } 0 \leq x \leq \pi \\ -1 & \text{si } -\pi \leq x < 0 \end{cases}$$

    Halle el polinomio trigonométrico de Fourier de grado n que aproxima a f.

17. Sea

$$f(x) = \begin{cases} x+\pi & -\pi \leq x \leq 0, \\ \pi - x & 0 \leq x \leq \pi. \end{cases}$$

a) Calcule la serie de Fourier correspondiente.

b) Si se supone que f coincide con su serie de Fourier, entonces pruebe que

$$1 + \frac{1}{3^2} + \frac{1}{5^2} + \cdots = \frac{\pi^2}{8}.$$

18. Halle la proyección ortonormal de $(x, y, z)^T$ sobre el plano $z = 2x - y$.

19. Considera los vectores $(1, 1, \cdots, 1)^T$ y $(a_1, a_2, \ldots, a_n)^T$ de $\mathbb{R}^n$. Ortogonaliza estos dos vectores por el método de Gram-Schmidt.

20. Halla la factorización QR de

$$A = \begin{bmatrix} 1 & 1 & 1 \\ 1 & 1 & 0 \\ 0 & 1 & 0 \\ 0 & 0 & 1 \end{bmatrix}.$$

21. Sea

$$A = \begin{bmatrix} 1 & 1 & 0 \\ 0 & 1 & 1 \\ 0 & 1 & 1+2\varepsilon \end{bmatrix}.$$

a) Caracteriza en términos de ε cuándo A es invertible.

Para el resto de los apartados considera $\varepsilon > 0$ y sea π el plano generado por las dos primeras columnas de A.

b) Halla la factorización QR de la matriz A.

c) Calcula la proyección de la tercera columna de A sobre π. Calcula la distancia entre la tercera columna de A y π. ¿Tiene algo que ver el apartado a) con el valor de esta distancia? ¿Qué ocurre cuando $\varepsilon \to 0$?

22. Sean $\mathbf{a}_1 = (1, 1, 0)^T$ y $\mathbf{a}_2 = (2, 1, 1)^T$ vectores en $\mathbb{R}^3$. Estos dos vectores generan el plano de ecuación $x = y + z$.

a) Considera el vector $\mathbf{a}_3 = (1, 0, 0)^T$, que no verifica la ecuación del plano π. Ortogonaliza los vectores $\{\mathbf{a}_1, \mathbf{a}_2, \mathbf{a}_3\}$. ¿Cuál es la relación geómetrica entre el tercer vector obtenido en el proceso de ortogonalización con el plano π?

b) Sea $\mathbf{x}$ un punto arbitrario de $\mathbb{R}^3$ y $p(\mathbf{x})$ la proyección ortogonal de $\mathbf{x}$ sobre el plano π. Halla una matriz A tal que $p(\mathbf{x}) = A\mathbf{x}$ para todo $\mathbf{x} \in \mathbb{R}^3$.

c) Halla la solución del sistema $A\mathbf{x} = (3,1,2)^T$ usando el método de eliminación de Gauss. Nota: si quieres puedes considerar el sistema $(\alpha A)\mathbf{x} = \alpha(3,1,2)^T$ para un escalar α apropiado con el fin de evitar el uso de fracciones.

d) Da la condición necesaria y suficiente sobre $\mathbf{b}$ para que el sistema $A\mathbf{x} = \mathbf{b}$ sea compatible. ¿Qué tiene que ver esta condición con el plano π?

e) Sean ahora un vector (columna) arbitrario $\mathbf{u} \in \mathbb{R}^n$ de norma 1 y $\mathbf{v} \in \mathbb{R}^n$ otro vector (columna) ortogonal a $\mathbf{u}$ (es decir, $\mathbf{u}^T\mathbf{v} = 0$). Considera la matriz $M = I_n - \mathbf{u}\mathbf{u}^T$. Halla $M\mathbf{u}$ y $M\mathbf{v}$. Sabiendo que todo vector $\mathbf{x} \in \mathbb{R}^n$ se puede escribir como $\mathbf{x} = \alpha\mathbf{u} + \mathbf{v}$, siendo $\mathbf{v}$ perpendicular a $\mathbf{u}$, simplifica $M\mathbf{x}$. ¿Cuál es la relación de esta matriz M con el apartado b) anterior?

23. La evolución de una población viene dada por

t	0	1	2	3	4
$P(t)$	200	400	650	850	950

a) Encuentre la recta que mejor se ajusta a los datos.

b) Ajuste una parábola por mínimos cuadrados a los datos utilizando la factorización LU de la matriz de coeficientes de las ecuaciones normales.

c) Resuelva el sistema del apartado anterior mediante la factorización QR.

d) Se desean ajustar los datos anteriores a una curva del tipo $P(t) = 1000/(1 + ce^{at})$. Linealice el problema y obtenga los valores de c y a.

e) ¿Qué ventajas tienen los dos ajustes anteriores?

24. Para estudiar la relación entre dos magnitudes físicas se hacen 4 experimentos obteniendo la tabla

x	1	2	3	4
y	2	4.1	6.3	7.8

a) Ajusta por mínimos cuadrados si se considera la relación $y = a + b(x - \overline{x})$, siendo $\overline{x}$ la media aritmética de las «x».

b) Ajusta por mínimos cuadrados si se considera la relación $y = cx^2$.

c) Calcula el error en ambos ajustes y decide cuál de los dos es mejor.

25. Se quiere medir cuánto vale la constante elástica de un muelle. Se hacen varias medidas de la fuerza que hay que aplicar para una determinada longitud del muelle

x	2	4	6	8
y	7.4	9.6	11.5	13.6

Se pretende realizar un ajuste por mínimos cuadrados utilizando $y = kx + b$.

a) Plantea el sistema de ecuaciones que permitirá realizar el ajuste.

b) Calcula la constante elástica del muelle, k, utilizando la descomposición QR.

c) ¿Cómo se puede saber si el ajuste es bueno?

26. Se tiene una cantidad inicial de 200 miligramos de un elemento radioactivo. Se pesan las cantidades en unos días determinados y se obtiene la siguiente tabla

t(días)	0	3	6	9
m(miligramos)	200	172	148	128

Se pretende ajustar estos datos a diferentes funciones.

a) Plantee el sistema de ecuaciones que permite ajustar los datos anteriores a una recta. Obtenga las ecuaciones normales y encuentre la recta pedida.

b) Ajuste los datos a una exponencial de la forma $m = m_0 e^{-kt}$, donde m y m_0 son masas, $1/k$ es la propia vida media del elemento radioactivo, y t es el tiempo medido en días. Linealice el problema y deduzca el sistema de ecuaciones que permite encontrar la solucion. ¿Cuáles son los valores óptimos de m_0 y k?

27. Supongamos que se desea calcular el plano $z = a + bx + cy$ que mejor aproxima a los puntos $\mathbf{p}_1 = (0,-1,0)$, $\mathbf{p}_2 = (1,0,-2)$, $\mathbf{p}_3 = (2,-1,2)$ y $\mathbf{p}_4 = (1,-2,-4)$.

a) Plantee el sistema que permite calcular dicho plano por el método de los mínimos cuadrados.

b) Resuelva el sistema del apartado anterior y encuentre el plano deseado.

28. Considere el siguiente sistema de ecuaciones:

$$x + y = 1, \qquad x + (1+\varepsilon)y = 1.1, \qquad (1+\varepsilon)x + y = 1 + \varepsilon.$$

siendo ε un número positivo.

a) Pruebe que el sistema es incompatible.

A partir de ahora considere que ε es un número positivo muy pequeño de modo que $\varepsilon \neq 0$, pero ε^2 se puede despreciar y considerarlo como 0. Por ejemplo, la expresión $(1+\varepsilon)^2$ se debería simplificar a $1 + 2\varepsilon$.

b) Plantee las ecuaciones normales asociadas al sistema. Pruebe que con la suposición $\varepsilon \neq 0$ y $\varepsilon^2 = 0$, las ecuaciones normales forman un sistema incompatible de ecuaciones lineales.

c) Halle la factorización QR de la matriz de coeficientes del sistema. Nota: Cuando se está calculando la segunda columna de la matriz Q aparece la norma de $(0, \varepsilon, -\varepsilon)$. Emplee $\|(0,\varepsilon,-\varepsilon)\| = \varepsilon\|(0,1,-1)\| = \varepsilon\sqrt{2}$ para evitar problemas de división por 0.

d) Halle usando la factorización QR la solución mínimo cuadrática del sistema. Observe que el problema de incompatibilidad del apartado b) ha desaparecido, lo que nos lleva a concluir que la factorización QR permite eliminar la inestabilidad numérica en la teoría de mínimos cuadrados.

Capítulo 5
Alguna soluciones

5.1 Operaciones entre matrices

1)

$$X=\begin{bmatrix}1&2\\3&4\end{bmatrix},\quad Y=\begin{bmatrix}3/2&-1\\1/2&1/2\end{bmatrix}.$$

2)

$$A^2=\begin{bmatrix}1&3\\0&4\end{bmatrix},\quad A^3=\begin{bmatrix}1&7\\0&8\end{bmatrix},$$

$$A^4=\begin{bmatrix}1&15\\0&16\end{bmatrix},\qquad A^n=\begin{bmatrix}1&2^n-1\\0&2^n\end{bmatrix}.$$

4) -3.

5)

$$\frac{1}{3}\begin{bmatrix}0&-3&6\\-1&2&-1\\1&1&-2\end{bmatrix}.$$

6) La matriz no es invertible.

7)

$$A=\begin{bmatrix}1&1&-1\\2&0&1\end{bmatrix},\quad \mathbf{b}=\begin{bmatrix}0\\1\end{bmatrix}.$$

8.a)

$$A=\begin{bmatrix}2&1&-1\\0&1&-1\\1&0&1\end{bmatrix}.$$

8.b) $(3x+3y-4z,-x+y-2z,3x+y)^T$.

12) Para $a\neq 1$.

16.a)

$$\mathbf{v}^T\mathbf{v}=10,\quad \mathbf{v}\mathbf{v}^T=\begin{bmatrix}0&0&0\\0&1&3\\0&3&9\end{bmatrix}.$$

16.b)

$$H_{\mathbf{v}}=\begin{bmatrix}1&0&0\\0&4/5&-3/5\\0&-3/5&-4/5\end{bmatrix}.$$

$H_{\mathbf{v}}$ es invertible y el único vector $\mathbf{x}$ que cumple $H_{\mathbf{v}}\mathbf{x}=\mathbf{0}$ es $\mathbf{x}=\mathbf{0}$.

16.c) Los vectores $\mathbf{x}=(x,y,z)^T$ que cumplen $H_{\mathbf{v}}\mathbf{x}=\mathbf{x}$ son los que cumplen $y+3z=0$, es decir, los vectores de la forma $(x,-3z,z)^T$, $x,z\in\mathbb{R}$.

17.a) $H_{\mathbf{v}}\mathbf{v}=-\mathbf{v}$.

17.b) $H_{\mathbf{v}}^2=I$. $H_{\mathbf{v}}^{-1}=H_{\mathbf{v}}$.

17.c) $\det(H_{\mathbf{v}})=\pm 1$.

18)

$$\begin{bmatrix}Y^{-1}&0\\-Y^{-1}BY^{-1}&Y^{-1}\end{bmatrix},\quad \begin{bmatrix}1&0&0&0\\-1&1&0&0\\0&0&1&0\\0&0&-1&1\end{bmatrix}.$$

21.a) $X_1=-A^{-1}MA^{-1}$.

21.b)

$$A^{-1}=\begin{bmatrix}0&1\\1&-1\end{bmatrix}.$$

21.c)

$$\begin{bmatrix}-0.1&1.1\\1.1&-1.1\end{bmatrix}$$

21.d)

$$\frac{1}{9}\begin{bmatrix}-1&10\\10&-10\end{bmatrix}=\begin{bmatrix}-0.\widehat{1}&1.\widehat{1}\\1.\widehat{1}&-1.\widehat{1}\end{bmatrix}$$

22.a)

$$A=\begin{bmatrix} 1 & 0 & 0 & 0 & \cdots & 0 & 0 \\ 1/2 & 1/2 & 0 & 0 & \cdots & 0 & 0 \\ 0 & 1/2 & 1/2 & 0 & \cdots & 0 & 0 \\ 0 & 0 & 1/2 & 1/2 & \cdots & 0 & 0 \\ \vdots & \vdots & \vdots & \vdots & \ddots & \vdots & \vdots \\ 0 & 0 & 0 & 0 & \cdots & 1/2 & 1/2 \end{bmatrix}.$$

22.d) Dado $\mathbf{y} \in \mathbb{R}^n$ siempre existe $\mathbf{x} \in \mathbb{R}^n$ tal que $A\mathbf{x} = \mathbf{y}$.

22.e) $\mathbf{x} = [1, 0, 1]^T$.

23.c) $A^+ = n^{-1}[1, 1, \cdots, 1]^T$.

23.d)

$$A^+ = \begin{bmatrix} K^{-1} & 0 \\ 0 & 0 \end{bmatrix}.$$

23.e)

$$A^+ = \begin{bmatrix} 1/2 & 0 \\ 1/2 & 0 \end{bmatrix}, \quad AA^+ = \begin{bmatrix} 1 & 0 \\ 0 & 0 \end{bmatrix},$$

$$A^+A = \begin{bmatrix} 1/2 & 1/2 \\ 1/2 & 1/2 \end{bmatrix}.$$

24.a) Si se ordenan las personas por orden alfabético, la matriz de incidencia es

$$A=\begin{bmatrix} 0 & 0 & 1 & 1 & 0 \\ 1 & 0 & 0 & 1 & 0 \\ 0 & 0 & 0 & 0 & 1 \\ 0 & 0 & 1 & 0 & 0 \\ 0 & 1 & 0 & 1 & 0 \end{bmatrix}.$$

24.b) 2 pasos. Si $\mathbf{e} = [0,\ 0,\ 1,\ 0,\ 0]^T$, hay que encontrar el menor $n \in \mathbb{N}$ tal que $\mathbf{e}+A\mathbf{e}+\cdots+A^n\mathbf{e}$ tiene todas sus componentes positivas.

25.b) $(A+I)^{-1} = I - 2^{-1}A$.

26.a)

$$BY = 2AX, \quad YB = \begin{bmatrix} XA & XA \\ XA & XA \end{bmatrix},$$

$$BYB = [2AXA\ 2AXA], \quad YBY = \begin{bmatrix} 2XAX \\ 2XAX \end{bmatrix}.$$

26.b) $X = 2^{-1}A^{-1}$.

27.a)

$$D = \begin{bmatrix} -1 & 1 & 0 & \cdots & 0 & 0 \\ 0 & -1 & 1 & \cdots & 0 & 0 \\ 0 & 0 & 0 & \cdots & -1 & 1 \end{bmatrix},$$

$$S = \begin{bmatrix} 1 & \cdots & 1 \end{bmatrix}.$$

27.b)

$$SD = \begin{bmatrix} -1 & 0 & \cdots & 0 & 1 \end{bmatrix}.$$

$$SD\mathbf{x} = x_{n+1} - x_1.$$

Esta última expresión se puede considerar como la regla de Barrow discreta.

27.d)

$$1 + r + r^2 + \cdots + r^{n-1} = \frac{r^n - 1}{r - 1}.$$

28.a)

$$B^2 = \begin{bmatrix} I & I+A \\ 0 & A^2 \end{bmatrix}.$$

28.b)

$$B^n = \begin{bmatrix} I & I+A+\cdots+A^{n-1} \\ 0 & A^n \end{bmatrix}.$$

29)

$$S = \begin{bmatrix} \cos^2\theta - \operatorname{sen}^2\theta & 2\cos\theta\operatorname{sen}\theta \\ 2\cos\theta\operatorname{sen}\theta & \operatorname{sen}^2\theta - \cos^2\theta \end{bmatrix}.$$

30)

$$T = \begin{bmatrix} 1 & 0 \\ 0 & 2 \end{bmatrix}, \quad S = \begin{bmatrix} 1 & \sqrt{3}/3 \\ 0 & 1 \end{bmatrix}.$$

5.2 Sistemas de ecuaciones lineales

1.a) $x=1$, $y=0$, $z=-2$.

1.b) Incompatible.

1.c) Múltiplos del vector $[-17,25,22]$.

2.a)

$$A=\begin{bmatrix} 0.00485437 & 2.17391304 \\ 0.00097087 & 0.04347826 \end{bmatrix}.$$

2.c) Se deben producir 16022.2 Kg. de plomo y 434.4 unidades de robots.

3) No es aceptable.

4.a)

$$A=\begin{bmatrix} 3.5/70 & 7.5/30 \\ 10.5/70 & 3/30 \end{bmatrix}.$$

4.b) El sector agricultura debe aumentar 12.12 y el sector industria debe aumentar 1.98.

7) No.

9.e) $r=12.513$. Múltiplos de $[0.014,\ 0.999]$.

11.a) Si $a=2$, el sistema es incompatible. Si $a\neq 2$, la solución es $y=-1$, $x=2-z$, $z\in\mathbb{R}$.

11.b) Si $a=0$, la solución es $x+y+z=0$. Si $a\neq 0$, la solución es $x=a$, $y=1$, $z=-1$.

13) Las constantes.

14) $p(x)=(19-4x+x^2)/5$.

15.a) $x=3+z$, $y=4-z$, $z\in\mathbb{R}$.

15.b)

$$U=\begin{bmatrix} 1 & 1 & 0 \\ 0 & -1 & -1 \\ 0 & 0 & 0 \end{bmatrix},$$

$$L=\begin{bmatrix} 1 & 0 & 0 \\ 1 & 1 & 0 \\ 0 & -1 & 1 \end{bmatrix}.$$

15.c) El sistema es compatible si y solo si $a=b+c$.

16) $2e^x-2xe^x+x^2e^x$.

17.a)

$$A=\begin{bmatrix} \alpha & 0 & 2 \\ 0 & \alpha-2 & 0 \\ 0 & 0 & 6 \end{bmatrix}.$$

17.b) $0,2,6$.

17.c) Para $\alpha=0$, $p(x)$ es una constante. Para $\alpha=2$, $p(x)=bx$, $b\in\mathbb{R}$. Para $\alpha=6$, $p(x)$ es un múltiplo de $1-3x^2$.

19.a) Si $a=25+2/h^2$ y $b=-1/h^2$, entonces

$$A=\begin{bmatrix} a & b & 0 \\ b & a & b \\ 0 & b & a \end{bmatrix},\quad \mathbf{b}_k=\begin{bmatrix} f_k(0.25) \\ f_k(0.5) \\ f_k(0.75) \end{bmatrix}.$$

20.a)

$$A=\begin{bmatrix} 1 & -1/2 & 0 \\ -1/2 & 1 & -1/2 \\ 0 & -1/2 & 1 \end{bmatrix}.$$

20.b)

$$B=\begin{bmatrix} 1 & 0 \\ 0 & 0 \\ 0 & 1 \end{bmatrix}.$$

20.c)

$$A^{-1}B=\begin{bmatrix} 3/2 & 1/2 \\ 1 & 1 \\ 1/2 & 3/2 \end{bmatrix}.$$

21.a) $V_1=2, V_2=4, V_3=6$.

21.b) $V_1=6, V_2=5, V_3=4$.

22.a) X y R tienen 4 columnas y tres filas.

22.b)

$$A=\begin{bmatrix} 1 & 0 \\ 1 & 1 \end{bmatrix},\quad B=\begin{bmatrix} 1 & 2 \\ 1 & 3 \end{bmatrix}.$$

22.c)

$$M^{-1}=\begin{bmatrix} I & -AB^{-1} \\ 0 & B^{-1} \end{bmatrix}.$$

$$M^{-1}=\begin{bmatrix} 1 & 0 & -3 & 2 \\ 0 & 1 & -2 & -1 \\ 0 & 0 & 3 & -2 \\ 0 & 0 & -1 & 1 \end{bmatrix}.$$

22.d) $\mathbf{a} = \mathbf{r}(0)$, $\mathbf{b} = \mathbf{r}'(0)$, $\mathbf{c} = -3\mathbf{r}(0) - 2\mathbf{r}'(0) + 3\mathbf{r}(1) - \mathbf{r}'(1)$, $\mathbf{d} = 2\mathbf{r}(0) + \mathbf{r}'(0) - 2\mathbf{r}(1) + \mathbf{r}'(1)$.

23)

$$X = \begin{bmatrix} -4 & -2 \\ 1/2 & 3 \end{bmatrix}.$$

24)

$$p(x) = y_0 + \frac{-3y_0 + 4y_1 - y_2}{2}x + \frac{y_0 - 2y_1 + y_2}{2}x^2.$$

5.3 Diagonalización de matrices

1) El único valor propio de A es $\lambda = 1$ y sus vectores propios son múltiplos de $[1,\ 0]^T$.

Los valores propios de B son $\lambda = -1$, $\lambda = 3$. Los vectores propios correspondientes a $\lambda = -1$ son múltiplos de $[-1,\ 1]^T$. Los vectores propios correspondientes a $\lambda = 3$ son múltiplos de $[1,\ 1]^T$.

$$B^n = \frac{1}{2}\begin{bmatrix} 3^n + (-1)^n & 3^n - (-1)^n \\ 3^n - (-1)^n & 3^n + (-1)^n \end{bmatrix}.$$

Los valores propios de B son $\cos\theta \pm i \operatorname{sen}\theta$. Los vectores propios correspondientes son múltiplos de $[\pm i,\ 1]^T$.

$$C^n = \begin{bmatrix} \cos n\theta & -\operatorname{sen} n\theta \\ \operatorname{sen} n\theta & \cos n\theta \end{bmatrix}.$$

2) Los valores propios son 1, 4 y 6. Sí es diagonalizable.

3.a) Los valores propios son 1 y 1/2. Los vectores propios asociados a 1 son múltiplos de $[1, 1, \cdots, 1]^T$. Los vectores propios asociados a 0 son múltiplos de $[0, 0, \cdots, 0, 1]^T$.

3.b) Solo para $n = 2$ la matriz es diagonalizable.

4.a)

$$M = \begin{bmatrix} 0 & 1/2 & 1/2 \\ 1/2 & 0 & 1/2 \\ 1/2 & 1/2 & 0 \end{bmatrix}.$$

4.c)

$$D = \begin{bmatrix} -1/2 & 0 & 0 \\ 0 & -1/2 & 0 \\ 0 & 0 & -1/2 \end{bmatrix},$$

$$S = \begin{bmatrix} 1 & 1 & 1 \\ -1 & 0 & 1 \\ 0 & -1 & 1 \end{bmatrix}.$$

4.d)

$$\frac{a_0 + b_0 + c_0}{3}\begin{bmatrix} 1 \\ 1 \\ 1 \end{bmatrix}.$$

5.a)

$$A = \begin{bmatrix} c & b \\ 0 & a \end{bmatrix}, \quad \mathbf{u} = \begin{bmatrix} x \\ 0 \end{bmatrix}.$$

5.c) A es diagonalizable si y solo si $a \neq c$.

5.d)

$$A^n = \begin{bmatrix} c^n & b(c^n - a^n)/(c - a) \\ 0 & a^n \end{bmatrix}.$$

5.e)

$$e_n = c^n e_0 + \frac{c^n - a^n}{c - a} b f_0 + \frac{1 - c^n}{1 - c} x,$$

$$f_n = a^n f_0.$$

El término estacionario es $e^* = x/(1 - c)$, $f^* = 0$. A la larga se agota la energía fósil.

6a) Los valores propios son $\lambda = 0$, $\lambda = 1$. Los vectores propios asociados a $\lambda = 1$ son los múltiplos de $[\cos\theta, \operatorname{sen}\theta]^T$. Los vectores propios asociados a $\lambda = 0$ son los múltiplos de $[-\operatorname{sen}\theta, \cos\theta]^T$.

6b) Sí es diagonalizable.

6c) $A\mathbf{x}$ es la proyección de $\mathbf{x}$ sobre la recta que pasa por el origen y tiene vector director $[\cos\theta, \operatorname{sen}\theta]^T$.

7.a) Los valores propios de A son 1, 2, 3.

7.b) Sí es diagonalizable.

7.c)

$$S = \begin{bmatrix} 0 & 1 & 1 \\ 0 & 0 & 1 \\ 1 & 1 & 1 \end{bmatrix},$$

$$D = \begin{bmatrix} 3 & 0 & 0 \\ 0 & 1 & 0 \\ 0 & 0 & 2 \end{bmatrix}.$$

7.d)

$$A^n = \begin{bmatrix} 1 & 2^n-1 & 0 \\ 0 & 2^n & 0 \\ 1-3^n & 2^n-1 & 3^n \end{bmatrix}$$

7.e) Cuando $k = 1$, la matriz A no es diagonalizable.

8.a)

$$A = \begin{bmatrix} 1 & -1 & 1 \\ -1 & 1 & 1 \\ -1 & -1 & 3 \end{bmatrix}.$$

8.b) Los valores propios son 1, 2. Los vectores propios asociados a 1 son los múltiplos de $[1,1,1]^T$. Los vectores propios asociados a 2 cumplen $x + y = z$.

$$S = \begin{bmatrix} 1 & 0 & 1 \\ 1 & 1 & 0 \\ 1 & 1 & 1 \end{bmatrix},$$

$$D = \begin{bmatrix} 1 & 0 & 0 \\ 0 & 2 & 0 \\ 0 & 0 & 2 \end{bmatrix}.$$

8.d) $x_n = 2^n - 1$, $y_n = 2^{n+1} + 1$, $z_n = 3 \cdot 2^n - 1$.

9.a)

$$M = \begin{bmatrix} 0 & 1/2 & 1/2 \\ 1/2 & 0 & 1/2 \\ 1/2 & 1/2 & 0 \end{bmatrix}.$$

9.c) El baricentro.

10.b) Los valores propios de A son 1 y 0. Los vectores propios asociados a 0 son los múltiplos de $[1,1,1]^T$ y los vectores propios asociados a 1 son $[x,y,0]^T$, $x,y \in \mathbb{R}$.

11.a)

$$\begin{bmatrix} 0 & a & b \\ c & 0 & 0 \\ 0 & d & 0 \end{bmatrix}.$$

11.b) $-\lambda^3 + \lambda ac + bcd$.

11.c) $ac + bcd = 1$.

12.a) $\lambda = \pm\sqrt{\alpha}$.

12.b) Los vectores propios asociados a $\pm\sqrt{\alpha}$ son múltiplos de $[1, \pm\sqrt{a}]^T$.

12.c) N es diagonalizable si y solo si $\alpha \neq 0$. En este caso,

$$S = \begin{bmatrix} 1 & 1 \\ \sqrt{\alpha} & -\sqrt{\alpha} \end{bmatrix}, D = \sqrt{\alpha}\begin{bmatrix} 1 & 0 \\ 0 & -1 \end{bmatrix}.$$

Si $r = \sqrt{\alpha}$, entonces

$$N^n = \frac{r^{n-1}}{2}\begin{bmatrix} r(1+(-1)^n) & 1-(-1)^n \\ r^2(1-(-1)^n) & r(1+(-1)^n) \end{bmatrix}.$$

15.a)

$$A = \begin{bmatrix} 1+\alpha & \alpha \\ \alpha & 1+\alpha \end{bmatrix}.$$

15.b) Los valores propios son 1 y 3. Los vectores propios asociados a $\lambda = 1$ son los múltiplos de $[-1,1]^T$. Los vectores propios asociados a $\lambda = 3$ son los múltiplos de $[1,1]^T$.

15.c) Los valores propios son α y $2\alpha + 1$. Los vectores propios son los mismos que los calculados en el apartado 15.a).

16) Los posibles valores propios de M son $0, \pm 1$.

17.a)

$$A = \begin{bmatrix} 2 & -1 & 0 \\ -1 & 2 & -1 \\ 0 & -1 & 2 \end{bmatrix}.$$

17.b) $\lambda = 0, 2 \pm \sqrt{2}$.

17.c) Los vectores propios asociados a $\lambda = 2$ son múltiplos de $[1,0,-1]^T$. Los asociados a $2 \pm \sqrt{2}$ son múltiplos de $[1, \mp\sqrt{2}, 1]^T$.

18.a)

$$A=\begin{bmatrix} 1 & 0.4 & 0.4 & 0.4 & 0 \\ 0 & 0.4 & 0 & 0 & 0 \\ 0 & 0.2 & 0.2 & 0 & 0 \\ 0 & 0 & 0.4 & 0 & 0 \\ 0 & 0 & 0 & 0.6 & 1 \end{bmatrix}.$$

18.b) Los valores propios son $\lambda = 1$ (doble), $\lambda = 0$, $\lambda = 0.2$, $\lambda = 0.4$. Sea $[x, y, z, t, u]^T$ un vector genérico de $\mathbb{R}^5$. Los vectores propios asociados a $\lambda = 1$ cumplen $y = z = t = 0$. Los vectores propios asociados a 0 son múltiplos de $[2, 0, 0, -5, 3]^T$. Los vectores propios asociados a 0.2 son múltiplos de $[3, 0, -2, -4, 3]^T$. Los vectores propios asociados a 0.4 son múltiplos de $[2, -1, -1, -1, 1]^T$.

18.c) El 90%.

20.a) $\lambda = 1$ es un valor propio doble y $\lambda = 3$ simple.

20.b) Si $k = 0$, los vectores propios asociados a $\lambda = 1$ son los vectores de la forma $[x, 0, z]^T$ y si $k \neq 0$, los vectores propios asociados a $\lambda = 1$ son los vectores de la forma $[0, 0, z]^T$. los vectores propios asociados a $\lambda = 3$ son múltiplos de $[2, 1, 1-2k]^T$.

20.c)

$$A^n = \begin{bmatrix} 1 & 2\cdot 3^n - 2 & 0 \\ 0 & 3^n & 0 \\ 0 & 3^n - 1 & 1 \end{bmatrix}.$$

20.d) Los que tienen su segunda componente nula.

21 350 lo compran el próximo mes. 475 lo compran al cabo de dos meses. A la larga, compran 600 personas.

22 Si $b \neq -1$ y $b \neq 5$, A es diagonalizable. Si $b = -1$ y $a = 0$, A es diagonalizable. Si $b = -1$ y $a \neq 0$, A no es diagonalizable. Si $b = 5$, A no es diagonalizable.

23.a) $s_n = 3s_n - s_{n-1}$, $s_1 = 3$, $s_2 = 8$.

24.a)

$$A = \begin{bmatrix} \alpha & \alpha \\ \beta & \beta \end{bmatrix}.$$

24.b) Los valores propios son $\lambda = 0$, $\lambda = \alpha + \beta$. Los vectores propios asociados a $\lambda = 0$ son múltiplos de $[1, -1]^T$. Los vectores propios asociados a $\alpha + \beta$ son múltiplos de $[\alpha, \beta]^T$.

$$S = \begin{bmatrix} 1 & \alpha \\ -1 & \beta \end{bmatrix}, \quad D = \begin{bmatrix} 0 & 0 \\ 0 & \alpha+\beta \end{bmatrix}.$$

24.c) $x_n = \alpha(\alpha+\beta)^n(x_0+y_0)$, $y_n = \beta(\alpha+\beta)^n(x_0+y_0)$.

24.d) $|\alpha+\beta| < 1$.

25.a)

$$A = \begin{bmatrix} 3 & 4 \\ 1 & 0 \end{bmatrix}.$$

25.b) Valores propios: 4, -1. Vectores propios asociados a 4: múltiplos de $[4, 1]^T$. Vectores propios asociados a -1: múltiplos de $[-1, 1]^T$.

25.c)

$$f_n = \frac{1}{5}(4^n - (-1)^n).$$

27.a) Los valores propios son 10 y 0 (doble). Los vectores propios asociados a $\lambda = 10$ son múltiplos de $\mathbf{v}$. Los vectores propios asociados a $\lambda = 0$ son los perpendiculares a $\mathbf{u}$. La matriz $\mathbf{v}\mathbf{u}^T$ es diagonalizable.

28.a)

$$CD = \begin{bmatrix} \lambda I_n - AB & \lambda A \\ 0 & \lambda I_m \end{bmatrix},$$

$$DC = \begin{bmatrix} \lambda I_n & A \\ 0 & \lambda I_m - BA \end{bmatrix}.$$

5.4 Espacio vectorial euclídeo

1) $\|\mathbf{u}\| = \sqrt{2}$, $\|\mathbf{v}\| = 2$, $\langle \mathbf{u}, \mathbf{v} \rangle = 1$.

2) $\langle 1, x \rangle = 1/2$, $\|1\| = 1$, $\|x\| = 1/3$.

3) $\|\mathbf{u} - \mathbf{v}\| = \sqrt{2}$.

4) $\|\mathbf{u}+\mathbf{v}\|^2 + \|\mathbf{u}-\mathbf{v}\|^2 = 2\|\mathbf{u}\|^2 + 2\|\mathbf{v}\|^2$.

5) $\langle \mathbf{u}, \mathbf{v} \rangle = 0$.

6) $60°$.

9a)

$$\mathbf{w} = \frac{1}{4}\begin{bmatrix} x-y-z-t \\ -x+y+z+t \\ -x+y+z+t \\ -x+y+z+t \end{bmatrix},$$

$\mathbf{u} = \mathbf{v} - \mathbf{w}$.

10.a) Una base (de las infinitas que hay) es $[1,1,0]^T, [1,0,1]^T$.

10.b) $[1,1,0]^T$, $[1,-1,2]^T$.

10.d) $[2/3, 1/3, 1/3]^T$.

10.e) 1.

12.a) 3.

12.b) Múltiplos de $[1,-1,1,-1]^T$.

12.c) Si $\mathbf{x}$ es la proyección de $\mathbf{u} = [x,y,z,t]^T$ sobre la recta obtenida en el apartado b), entonces

$$\mathbf{x} = \frac{x-y+z-t}{4}\begin{bmatrix} 1 \\ -1 \\ 1 \\ -1 \end{bmatrix},$$

y la proyección de $\mathbf{u}$ sobre $\mathscr{V}$ es $\mathbf{u} - \mathbf{x}$.

12.d) Son los obtenidos en el apartado b).

13.b) $\mathbf{v}_1 = \mathbf{u}_1, \mathbf{v}_2 = [1,-1,2]^T, \mathbf{v}_3 = [1,-1,-1]^T$. $\mathbf{v}_3$ es ortogonal al plano π.

13.c)

$$P\mathbf{v} = \frac{1}{3}\begin{bmatrix} 2x+y+z \\ x+2y-z \\ x-y+2z \end{bmatrix},$$

$$P = \frac{1}{3}\begin{bmatrix} 2 & 1 & 1 \\ 1 & 2 & -1 \\ 1 & -1 & 2 \end{bmatrix}.$$

13.d) Los valores propios de P son 0 (simple) y 1 (doble). Los vectores propios asociados a 0 son los vectores normales al plano y los vectores propios asociados a 1 son los vectores del plano.

14) a^2/c.

15)

$$\operatorname{sen}(1) + \left(\frac{45}{2}\cos(1) - 15\operatorname{sen}(1)\right)\left(x^2 - \frac{1}{3}\right).$$

16)

$$\frac{1}{2} - \frac{2}{\pi}\operatorname{sen}(t) - \frac{2}{3\pi}\operatorname{sen}(3t) - \frac{2}{5\pi}\operatorname{sen}(5t) - \cdots$$

17.a)

$$\frac{\pi}{2} + \frac{4}{\pi}\left(\cos x + \frac{1}{9}\cos(3x) + \frac{1}{25}\cos(5x) + \cdots\right).$$